— 채포업자의 지남 —

고려인의 **채소재배**

— 채포업자의 지남 —

고려인의 **채소재배**

인쇄 | 2018년 2월 20일
발행 | 2018년 2월 23일

저자 | 양근원
편역자 | 이상현 · 김병학
발행인 | 정병석
발행처 | 전남대학교출판문화원

등록 | 1981. 5. 21. 제53호
주소 | 61186 광주광역시 북구 용봉로 77
전화 | (062) 530-0571~2 마케팅 530-0573
팩스 | (062) 530-0579
홈페이지 | http://www.cnup.co.kr
이메일 | cnup0571@hanmail.net

값 15,000원

ISBN 978-89-6849-482-6 (93520)

이 도서의 국립중앙도서관 출판예정도서목록(CIP)은
서지정보유통지원시스템 홈페이지(http://seoji.nl.go.kr)와
국가자료공동목록시스템(http://www.nl.go.kr/kolisnet)에서 이용하실 수 있습니다.
(CIP제어번호: CIP2018005975)

채포업자의 지남

고려인의 채소재배

• 양근원 저 / 이상현, 김병학 편역 •

『채포업자의 지남』은 1930년대 연해주 고려인들이 재배한 채소의 종류와 재배 방법에 대한 의미 있는 정보를 제공해주고 있다. 우리는 이 책을 통해 연해주의 토질과 기후는 물론이고 작물의 파종과 모종, 시비와 병충해 구제방법, 수확과 보관 등 1930년대 연해주 고려인들의 채소농법 전반에 대한 상식을 두루 접할 수 있다.

전남대학교출판문화원

편역자 머리말

재소 고려인의 역사는 우리나라 농업의 주요한 역사라 해도 과언이 아니다. 150여 년 전 노령 연해주로 이주한 제1세대 고려인으로부터 지금의 중앙아시아 5세대 고려인까지, 그들은 전문분야인 농업에서 도전정신과 개척정신으로 불리한 자연환경을 극복하고 불모지에 개간과 개척의 역사를 써왔다. 그들은 한반도에서 가져간 각종 씨앗을 연해주, 중앙아시아, 남러시아, 우크라이나와 카프카스에 심었고, 그걸로 훌륭한 결실을 맺어 주변사회의 인식을 변화시켰으며 나아가 국가의 농업정책에까지 영향을 미쳤다.

무엇보다도 고려인은 농작물에 대한 지식이 몸과 넋에 배인 농경민이었던 까닭에 1937년에 정치적 박해를 받아 척박한 중앙아시아로 강제이주를 당했을 때에도 능히 일어설 수 있었다. 황무지에 버려진 고려인들은 중앙아시아 원주민들이 먹거리가 될 수 있을 거라고는 상상조차 하지 못했던 각종 잡초와 들풀이 낯익은 구황작물이었음을 알았고, 중앙아시아의 건조한 기후와 염분이 많은 토양을 어떻게 다스리면 될지도 오랫동안 체득해온 경험으로 재빨리 판단할 수 있었다. 그리고 피와 땀과 눈물과 온 노동력을 동원하여 진펄, 갈밭과 소금밭을 기름진 농토로 일구어냈다. 지금도 중앙아시아 국가의 지도자들은 나라가 어려움에 처할 때마다 자국민에게 강제이주의 혹독한 탄압 속에서도 불굴의 의지로 일어서서 황무지를 옥토로 개간한 고려인을 본받아 난관을 헤쳐 나가자고 호소하곤 한다.

고려인들은 역사상 유례없는 박해를 받았지만 오뚝이처럼 일어섰다. 그리고 그로부터 불과 서너 해 만에 소련에서 가장 영예로운 칭호인 노력영웅 대열에 대거 진입하기 시작했다. 그 결과 소련 전체인구의 0.2%밖에 되지 않은 고려인이 소련이 해체되기 전까지 1,200여명에 이르는 전 연방 노력영웅 중에서 150명 이상이나 차지하는 경이로운 기록을 남겼다. 대를 이어 다져놓은 경험적 기반 위에 근대과학과 실험정신을 더하여 누구보다도 부지런히 재배 작물을 연구하고 개량하였기 때문이다.

고려인들의 농업에 대한 학문적 연구는 초보적이지만 연해주 거주시기부터 시작되었다. 1930년대에 이르자 지적 연구풍토는 정점에 올랐으며, 농업분야에서도 여러 권의 연구서가 발간되었다. 여기에 소개하는 『고려인의 채소재배』라는 이름으로 번역하는 『채포업자의 지남』도 고려인들의 채소재배방법 입문서로 그 시기에 태어난 책 중 하나다. 이 책의 저자는 블라디보스토크에서 멀지 않은 우두거우 마을《신세계》집단농장에 설립된 실험농장에서 청년학교 학생들과 함께 채소재배실험을 하면서 얻은 통계를 정리하여 1934년에 한 권의 책으로 엮어냈다. 연해주로 이주한 우리 선조들의 농업생활에 대한 이해가 조금이라도 증진되기를 바라는 마음으로 이 책을 정리해 다시 내놓는다.

잘 알려졌다시피 그때 출판된 귀중한 민족문화자산들은 비인간적인 강제이주 과정에서 자발적, 혹은 비자발적으로 대부분 유실되었다. 고려인들은 스탈린 치하에서 실험농장의 실험대상이 되어 물리적인 탄압을 받은 것 외에도 민족의식과 정신문화의 싹들이 마구 잘리는 아픔을 겪었다. 그러나 그들은 난도질당한 민족문화의 뿌리와 몸통에서 다시 싹을 틔워내고 튼실한 열매를 맺음으로써 결국 사악한 농장주를 역사의 패배자로 쫓아내고, 진실한 농민의 모범을 보여주었다.

우리나라 역사가 최근까지 그래왔듯이 재소 고려인의 역사도 농업으로 시작되었고 농업으로 꽃피었으며 농업으로 결실을 맺었다. 자랑스러운 고려인 농업의 역사는 강제이주 80주년을 맞는 지금도 여전히 진행 중이다. 물론 일상에서 농업이 차지하는 비중이 현저히 줄어든 것은 사실이고 시대의 추이에 따라 그 비중은 더욱 줄어들겠지만, 구소련지역 여러 나라와 민족들이 황무지를 옥토로 일구어낸 고려인의 눈물겨운 개척사와 고려인이 고안해낸 영농방법에 다함없는 존경을 보내고 있는 까닭에 농업은 고려인의 존재를 지속시켜주는 핵심요소로 남을 것이다.

2018년 2월

이상현 · 김병학

일러두기

1. 방언이나 외래어, 오자(誤字) 등은 그 옆에 괄호를 열고 작은 글씨로 현대 한국어나 바로잡은 단어를 병기해주었다.

2. 탈자(脫字)된 부분은 대괄호[ ]를 열고 작은 글씨로 부기했다.

3. 도표 안에 있는 오탈자나 방언, 도량형 단위 등은 그 도표 아래에 대괄호[ ]를 열고 바로잡은 단어나 현대 한국에서 통용되는 도량형 단위를 부기해주었다.

4. 원문에는 목차가 맨 뒤에 있으나 본 정리본에서는 본문 앞으로 옮겨놓았다.

5. 우리말 자모나 러시아 문자로 표기된 러시아어 농작물 이름 및 도량형단위, 또는 방언으로 표기된 우리말 농작물 및 도량형단위는 아래의 용어설명으로 대신한다.

용어설명

* **곡물** - 조이 : 조, 피낟 : 피, 채밀 : 밀, 귀밀 : 귀리, 원두 : 완두콩, 열콩 : 강낭콩, 긔장이 : 기장

* **채소** - 마르꼽으(모로꼽, 마르꼬프, 마르곱으, 마르곱프, 마르꼽프, 마루꼬프. Морковь) : 당근, 닢배채 : 배추, 다두배채(대두배채) : 양배추, 보민돌(Помидор) : 토마토(일년감), 불루까(불누까 Брюква) : 순무, 쓰뵤클라(스뵤클라 Свёкла) : 비트, 로바 : 노배, 물외 : 오이

* **도량형단위** - 겍따르(га) : 헥타르, 메뜨르 : m, 싼지메뜨르 : cm, 리뜨르(литр. л.) : 리터, кг.(кл., к.) : kg, г. : g

목차

1. 편역자 머리말 — 5

2. 고려인의 채소재배(번역원본명: 채포업자의 지남) — 11

3. 채포업자의 지남 해제 — 115

4. 채포업자의 지남(영인본) — 163

고려인의 채소재배

서언 13
채소작물의 특수성 15
모판의 설치와 준비를 어떻게 할까? 17
실험적으로 온상의 준비를 어떻게 하였는가? 19
온상의 파종법 24
파종 후에 주의할 조건들 28
냉상을 만드는 법은 어떠한가? 31
모를 어떻게 심을까? 33
모종에 대한 특별 주의 38
채소가 잘 되지 않는 몇 가지 토양 44
가을갈이에서 얻은 여러 가지 경험과 효과 47
밭갈이의 몇 가지 방식과 그의 이해 51
채소원과 비료 56
제초와 작물의 관계 66
채소의 병해에 대하여 73
예방과 구제책에 대한 경험 86
채소의 해충을 구제하라 89
채소의 저장에 대하여 98
모종을 심는데 대하여 106
채소를 심는 시기와 그에 적당한 온도 113

서 언

농촌경제 건설에 있어 농업을 기술화하고 수확을 결정적으로 향상시키는 일은 우리에게 중대한 임무가 되고 있다. 농촌경제의 한 부분인 채소재배업도 도시와 농촌의 식료공급에 대한 의의를 가지고 있다. 그러므로 소비에트동맹에서 채소재배업을 장려시키면서 전문적인 채소재배 집단농장(꼴호즈)을 확장하고 조합(꼬뻬라집으)과 도시직업동맹단체에서도 채소재배를 크게 확대하였다.

그리고 농촌의 개별 집단농장과 집단농장의 구성원(꼴호즈니크)들은 집단농장에서 운영하는 시장을 통하여 도시와 농촌 생산품의 수요와 공급에 관여하게 되었고, 결과적으로 도시에 채소공급이 지속적으로 이루어 질 수 있도록 하였다. 이러한 시장변화로 농촌경제는 튼튼해지고, 채소 중매인들이 시장에서 구축되기도 하였다.

개별 협동농장(쏩호즈)과 집단농장에서는 채소재배법을 기술화하는 단계에서 충분한 연구가 요구되었다. 즉 종자선택, 비료이용, 토지개량, 해충 및 잡초관리에 최선을 다하고 모종 및 재배방법을 과학적인 실험결과에 따라 개선하여야 한다.

채소재배에서 위에 언급한 사업에 대한 재배원들의 열성을 증진시키고, 수확량을 증가시키기 위해 사회주의적 경쟁(빅이)과 노력을 계속적으로 전개하고 이를 정기적으로 점검하여 우수 개인과 작업조(브리가다)에 시상을 하고 게으른 사람(태업자)을 관리하기 위해 게시판과 벽신문을 이용하여, 평균 분배제와 책임감 없이 수행되는 일들을 끝까지 뿌리 뽑고, 질적 가치가 없는 작업을 퇴치하기 위하여 생산협의회에서 엄중한 비판이 이루어져야 한다. 집단농장을 조직 - 경제적으로 굳건히 하여 업무에 대한 재배원들의 창의성을 높여야 한다.

군중문화사업과 농업기술보급에 대한 조직을 힘 있게 수행하여 그들에게 정치적 의식과 농업상 기술을 소유하도록 하여야 한다.

이 모든 일들을 실행하는 과정에서 토호들이 가난한 농민의 탈을 쓰고 집단농장에 들어와서 직접 경제파괴에 손을 대며, 간접적으로 빈농, 중농 집단농장원에게도 영향을 주는 것을 막아야 한다.

『채포업자의 지남』이란 이 책은 우두거우 집단농장 청년학교의 실제 경험을 바탕으로 저작된 것이다. 원래 이 학교는 채소재배 집단농장 『신세계』의 채소 수확을 향상시키기 위하여 실험농장과 부속채소장, 양묘원을 설치하고 과학적 기술과 실제적 경험에서 얻은 성과를 정리하여 일반 협동농장과 집단농장 구성원에게 소개하는 것이다.

본 작자의 생각은 이 작품이 기술적 기초 위에서 큰 역할은 하지 못하더라도 채소작업을 연구하는 분야에 부분적으로 참고자료가 될 수 있다고 확신한다.

우리가 채소업의 수확량 향상을 연구하고, 실현할 때에 학문적 이론과 현장경험을 연계시키지 않으면 완전한 성과를 이루지 못할 것이며, 또는 집단농장의 조직력과 생산력을 튼튼히 보장하지 못하면, 역시 성과를 얻지 못할 것이다. 그러므로 우리는 상술한 바의 모든 조건들이 충실히 이루어져야 성과를 얻을 수 있을 것이다.

작자로부터

채소작물의 특수성

어떠한 농작물이든지 작물의 수확고를 높이려면 먼저 그 작물의 특수성을 잘 이해하여 파종시기부터 모든 조건이 농업 과학에 부합되도록 하여야 된다.

대체로 각종 작물들의 특수성을 구분하여 본다면:

1. 벼과작물(벼, 조(조이), 피(피낟), 옥수수, 밀(채밀), 보리 등)과 콩과작물(콩, 팥, 완두콩(원두), 강낭콩(열콩) 등) 등이 서로 다른 점.
2. 뿌리가 길고, 짧은(쩔은) 작물이 서로 다른 것.
3. 활엽작물(잎이 크고 많은 작물)과 장경작물(줄기가 길게 자라는 작물)이 서로 다른 것.
4. 작물들이 종류에 따라서 양분을 흡수하는 분량과 성분이 서로 다른 것.
5. 토양의 성질과 기후의 관계에 따라 자라며 결실하는 것이 다른 것.

위에 지적한 바와 같이 작물의 종류마다 특수성이 다르기 때문에 채소작물은 벼과작물과는 달리 파종할 때부터 추수 및 저장할 때까지 그 특수성에 따라 특별한 기술이 요구된다.

채소중에 감자, 무, 당근(모로꼽), 배추(닢배채) 같은 것은 밭에 직접 씨를 뿌리는데, 양배추(다두배채), 토마토(일년감 또는 보민돌)와 가지 같은 것은 밭에 직접 씨를 뿌리는 것보다 모판에서 모를 키운 후 심어야 잘 자라며 결실량도 많고, 품질도 좋아진다. 무엇보다도, 양배추와 토마토는 모판을 이용할 때 항상 일찍 시작해야 생산에 지장을 받지 않고 잘 자라며, 모든 병과 충해에 걸리지 않게 된다는 것이 실제경험을 통해 검증 되었다.

표 1. 양배추의 파종(播種)과 이앙(移秧)의 실험결과

심는 방식	식재일	포기 수	실시한 비료	수확일	생산량	
					kg	g
직접 씨 뿌린 것	4월 19일	10	분회	9월 23일	12	270
모종을 한 것	5월 10일	10	분회	10월 28일	18	730

실험결과를 보면 양배추의 경우 직접 씨를 뿌린 것보다 모종을 한 것이 생산량이 많아지는 것을 확인할 수 있다(표 1). 그러므로 채소집단농장과 경작지에서 채소를 재배할 때에 반드시 양배추의 특성을 잘 기억하여야 할 것이다. 양배추의 수확을 높이려면, 우선 모판을 만들고 모를 키워 옮겨야 하는데 거기에는 많은 기술이 요구된다. 즉, 모판 설치는 모판의 종류, 그에 관한 준비조건과 모를 잘 키우는 방법을 과학적으로 접근한 실험결과를 토대로 수행하여야 한다.

모판의 설치와 준비를 어떻게 할까?

채소재배는 보통작물을 심어서 키우는데 비하여 특별한 기술이 요구된다. 여기서 모판은 온상(溫床)과 냉상(冷床)을 말한다. 온상은 사람의 노력과 물자가 많이 들며 화학적 발열작용을 일으켜 보통 곡식의 씨앗을 심을 수 없는 이른(일은) 봄에 싹을 튀어 자라는데 적당한 온도를 만들어 주게 하는 것이다.

냉상은 사람의 노력이 적게 들고 화학적 발열작용을 일으킬만한 물자도 들지 않을 뿐만 아니라 만드는 방법도 쉽다(헐하다). 이는 모판에 찬 기운을 막아서 파종시기보다 다소 일찍 모를 길러 내는 것인데 온상에 씨를 뿌리는 시기보다 40일이나 뒤떨어지게 되므로 온상을 미처 준비하지 못한 경우에 이용한다.

온상의 위치를 선택할 때에는 항상 땅이 축축한 기운이 없이 보송보송하고(조강하고도) 서북방이 막혀 찬바람을 막아주고 또 동남쪽이 열려 햇빛을 잘 받을 수 있는 장소가 제일 적당하다. 그러나 만일에 그 위치가 천연적으로 바람을 막지 못하는 곳이라면 인공적으로 서북편을 막아주어 바람이 들지(빛지) 않도록 하여야 된다.

온상을 만들기 위해서는 가을부터 미리 준비해야 하는데 온상을 설치하기 하고자 하는 곳에 고랑을 파고 그 속에 볏짚다발을(북덕이를) 채워 두어 겨울에 얼지 않도록 하는 것이 원칙이다. 만일 이 같은 준비가 겨울 전에 이루어지지 못한 때에는 이른 봄(3월 10일쯤)에라도 그대로 준비하여야 된다.

온상 놓을 고랑은 보통 그 넓이가 130 – 150cm이 되게 파낸 뒤에 발열재료(더운 기운이 생기게 하는 재료)로 말똥, 낙엽, 썩지 않은 외양간 퇴비 등을 사용하며, 이밖에도 양똥, 토끼똥도 발열재료로 이용한다.

실험에 의하면 말똥은 더운 기운을 4개월, 양똥은 3개월, 토끼똥은 45일간 지속된다고 한다. 그러나 이것은 온상의 크기에 따라 차이가 있으며, 토질과 습기와의 관계와 말똥을 많이 썩히고 적게 썩힌(센인)것도 큰 차이가 있다.

추운(칩은)지방과 더운(덥은)지방에서 온상의 모양과 발열재료를 두는 방법도 같지 않은데 보통 더운 지방보다 추운 지방일수록 두텁게 하고, 대체로 발열재료를 넣고 발로 밟아놓은 두께가 50 – 75cm 정도 되어야 한다.

1932년도에 우두거우 집단농장 청년학교에서 여러 가지 모양으로 온상을 실험하여 보았는데 그중에 성적이 제일 양호한 것을 소개한다면 다음과 같다(그림 1).

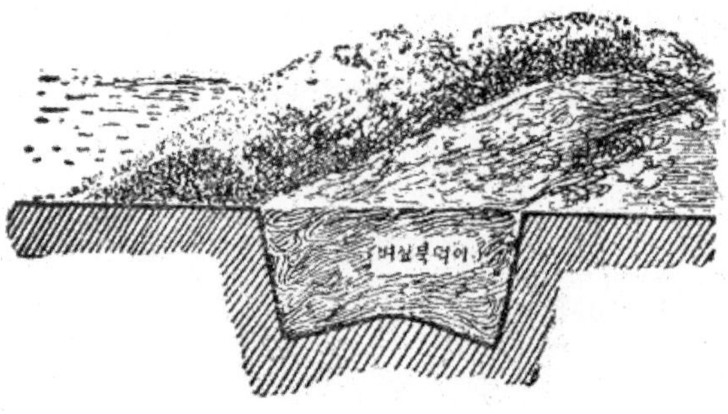

그림 1. 온상 놓을 고랑(구덩)

실험적으로 온상의 준비를 어떻게 하였는가?

온상의 준비는 토지가 항상 축축한 기운이 없이 보송보송하며, 태양광선이 아침부터(아츰붙어) 해질 때까지 잘 비추고(빛이우고) 북쪽이 막히어 찬바람이 맞지 아니할만한 위치를 택하여 1932년 10월 25일 전에 미리 고랑을 다 파놓고 그 속에 실험적으로 겨울동안에 얼지 않도록 각 고랑에 밀짚다발(밀닢북덕이), 볏짚다발(벼짚 북덕이), 콩깍지 및 다발(북덕이)을 넣어 두었다가 이른 봄에 확인하였다. 그 중에서 제일 얼지 않은 것이 콩깍지 및 다발을 넣은 것이며, 밀짚다발을 넣은 것은 고랑이 얼어서 제때에 이용하지 못하였다.

그러므로 온상을 준비하기 위해서는 콩깍지 및 다발을 버리지 말고 온상굴이 겨울동안 얼지 않게 하는데 이용하도록 모아 두어야 할 것이며 볏짚다발도 부드러운 것이 가장 적당하니 이것도 역시 모아 두었다가 콩깍지가 부족할 때 보충하여 사용할 수 있도록 하여야 한다.

고랑은 직선이 농남으로 향하게 하였고 실험을 위해 하나는 밑을 평면이 되게 파고, 나머지 하나는 중앙으로 부터 사면의 주위를 점차로 더 깊이 파내 비교하였다.

결과적으로 고랑의 밑을 평면으로 판 것보다 중앙을 더 두드러지게 파낸 것이 더 낫게 되는 것을 실험적으로 확인하였다.

고랑을 평면으로 판 것은 귀틀을 짜서 놓은 뒤에 그 귀틀이 남쪽으로 그늘이 지고, 벽으로 부터 냉기가 드는 관계로 북쪽과 중앙은 싹이 나고 자라는 성적이 남쪽보다 더 나으며, 일찍이 시작한 온상은 남쪽이 그늘지는 곳에 묻힌 씨는 싹도 나오지 않게 되었다.

고랑의 중앙을 더 두드러지게 파낸 것은 고랑의 중앙이 되는 중심점을 잡아 그 사면주위를 점점 더 깊이 파내고 남쪽은 북쪽보다 더 깊이 파내었으므로 다소간 그늘이 지고 냉기가 든다하여도 열도가 높은 관계로 온상은 어느 쪽을 물론하고 온도가 일정하게 되는 까닭에 종묘가 자라는 성적이 매우 양호하였다.

따라서, 온상의 고랑을 파낼 때에 고랑의 밑을 평면이 되게 파지 말고, 중앙을 표준으로 북쪽과 남쪽을 깊이 파는 방식을 이용하는 것이 좋다(그림 2).

그림 2. 온상시설의 광경

온상의 넓이와 길이의 크기는 일정한 표준보다 관리상 편리한 방식을 이용하는 것이 좋다. 그러나 실험결과에 의하면 구덩이의 넓이는 130cm 길이는 350cm 깊이는 70cm로 하는 것이 관리상 아주 간편하며 연해주 기후에 적합하다고 할 수 있었다.

연해주 기후에서 이른 봄(보통 기온이 영상1℃－3℃가 될 때)에 섭씨 14℃－18℃의 평균온도를 약 65일간 지속하려면 온상의 면적은 위에 제시한 숫자대로 정하고 발열재료는 썩지 않은 발똥 60%가 섞여있는 구비(외양간두엄)와 40% 가량 썩은 볏짚 다발을 50cm 되게 발로서 밟아놓고 섭씨 100℃가 되게 끓인 물 260리터(12바케스)를 고르게 붓고 찬 기운을 막기 위하여 짚으로 만든 거적을 덮어두었다가 다시 벗기고 싹거름(싹걸음) 30%, 모래 20%, 양토 50%를 고르게 섞어 체에다 쳐서 발열재료 위에 12cm 정도 되게 펴둔다. 특별히 발열재료를 고랑에 넣을 때에 먼저 볏짚 다발을 넣고 다진 뒤에 말똥을 두고 다져야 된다.

이와 같은 준비가 끝난 뒤에는 목재로 북쪽은 45cm, 남쪽은 25cm의 높이가 되게 귀틀을 짜서 놓고 그 위에 유리창을 만들어 덮는다. 유리창을 만드는 방법은 보통 사람이 거처하는 집의 창문과 같이 만드는 것(그림 3)이 아니라 온상의 길이가 350cm라면 유리문 4개가 필요한데 문의 양식은 문살을 십자형으로 대지 말고 전부 길이로만 대며 유리를 붙일 때에도 고기 비늘모양으로 연이어 대어서(그림 4) 이슬이나 혹은 비가와도 잘 흘러내리게 하여야 된다.

만일, 창문과 같이 십자형으로 만들면 비가와도 바로 흘러내리지 못하고 온상 안에 떨어지니 어린모 싹에 해를 주게 된다.

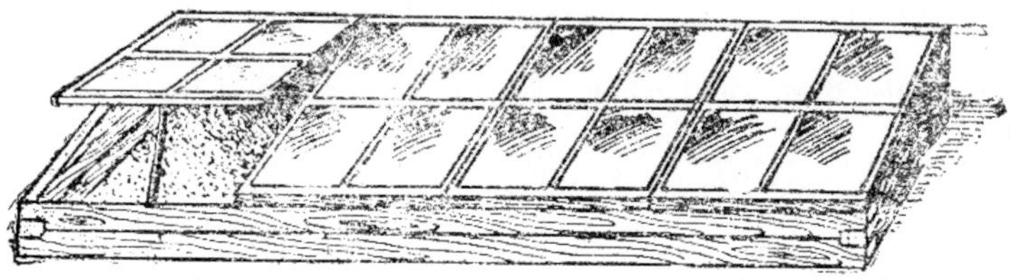

그림 3. 유리문을 십자형으로 잘못 만든 것

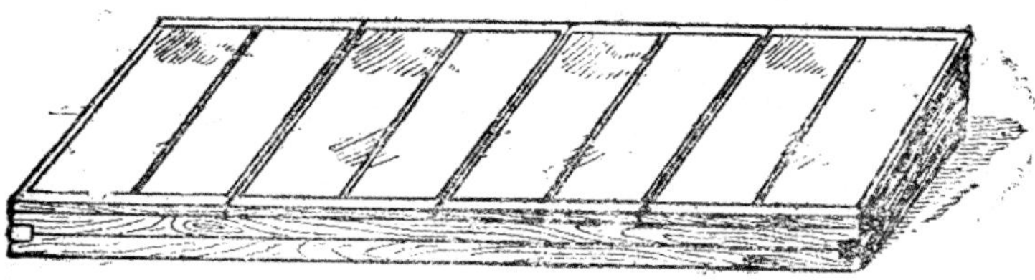

그림 4. 바로 옳게 만든 유리문

온상에서 화학적 작용의 발생

위에 언급한대로 온상을 만들고 난 후에는 낮이면 유리창을 반쯤 열어놓아 공기가 잘 통하게 하며, 밤이면 창문을 꼭 닫아놓고 볏짚으로 만든 거적을 덮어서 찬 기운이 조금도 들어가지 못하게 하여야 된다.

실험한 결과에 따르면 위의 방법을 적용한 3일 후에는 발열재료로 부터 화학적 작용이 보인다. 섭씨 영하 4℃에 있던 열(熱)이 점차로 높아지어서 영상 24℃－26℃의 구간에서 2일간 계속하다가 만 3일이 되면 그날부터는 열이 차츰 내려서 하룻밤(할흐밤) 사이로 섭씨 영상 16℃에서 일정한 온도를 유지하게 된다. 발열재료를 넣은 날부터 16℃의 일정한 온도를 유지하는 날짜를 계산하면 6일이란 시일이 걸리게 된다.

그런데 특별히 발열재료에 대하여 주의할 것은 말똥을 주로 쓰며 기타 양똥과 토끼똥을 쓰는데 만약 소똥을 섞은 것을 쓰면 안 된다. 소똥이 혹 섞여 있는 것을 발열재료로 이용하면 열이 발생하지 못하기 때문이다.

소는 말과 달라서 어떠한 사료든지 대략 씹어서 삼키었다가 다시 부드럽게 새김질하여서 소화되게 하며 또한 물을 많이 먹음으로 그 배설된 소똥은 심히 부드럽고도 수분이 많이 섞여 있기 때문에 공기가 잘 통하지 못하고 썩는 기한도 매우 오래 걸려 열을 만들지 못하게 된다. 그런데 말은 소보다 물을 덜 먹고, 소와 같이 사료를 부드럽게 씹어 넘기지 못하므로 수분이 적으며 그 형상이 거칠어서 공기가 잘 통하게 되며 박테리아가 잘 번식되어 썩는 기간이 빠르기 때문에 열을 발하는 힘이 많으며, 열을 발하는 량이 많아 말똥을 온상에 이용한다. 이밖에 양과 토끼의 똥도 이와 같은 이유로 발열재료 사용이 가능하다.

온상의 파종법

온상의 파종법은 여러 가지가 있어 아래에 기록한다.

1. **산파법:** 이 방식은 허튼 씨를 뿌리게 되는 가장 통속화된 방식이다. 밭에 직접 심을 때에도 노력이 적게 드는 것만은 좋으나 첫째로 씨앗이 많이 들며, 둘째로 고르게 파종하지 못하는 관계로 김맬 때에 불편하고, 셋째는 고르게 묻기도 매우 어려운 방법이다.

심은 후에 날이 가물거나 토양에 습기가 없으면 종자가 잘 붙지 않고, 흙에 깊이 묻힌 것은 싹이 더디게 나며 모가 심히 약하여 완전한 생산량을 얻지 못한다. 그렇기 때문에 온상에 산파는 이롭지 못하다.

2. **조파법:** 이 방식은 다른(달은) 곡물과 같이 이랑을 만들고 줄로 심는 것이다. 산파하는 것보다, 씨앗을 많이 아낄 수 있으며, 김을 매기도 편리하고 쉬우며, 싹도 잘 자라서 건강한 모를 얻게 되기 때문에 온상에 파종할 때에는 대게 이 방식을 이용한다(그림 5).

그림 5.
조파를 하는 모양

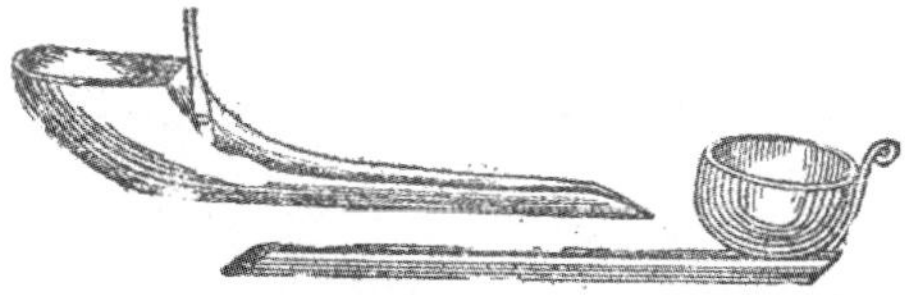

그림 6. 씨를 고르게(고게르) 두기 위하여 만든 모형

3. 점파법: 이것은 하나씩 박는 것과 쥐어박는 방식인데 2－3알씩 심는 것이다. 예를 들면 콩이나 옥수수를 이 방식으로 심는다. 그런데 종자도 적게 들고 심기도 쉬우나 온상파종으로는 모를 많이 얻지 못하는 것이 유감이다.

우두거우 집단농장 청년학교에서 실험 파종의 결과를 실례로 말하면 조파법을 이용하였는데 온상이 다 준비된 날로 부터 6일이 지난 4월 6일에 보통 기온은 섭씨 13℃, 온상 안의 기온은 15℃가 되었다. 종자는 학교 채종장에서 정밀하게 받아 일년 평균 온도 영상 5℃되는 곳에서 1년간 묵혀두었던 것인데, 파종할 당시 발아력(發芽力)을 검사한 결과 발아력이 97%인 종자를 위에 언급한 온상 1개의 면적에(장: 350cm, 폭: 150cm) 28개를 심었다.

종자를 심는 방식은 조파식으로 하였으나 보통 밭에 심는 조파식과는 다르게 하였다. 나무로 보통 사용하는 목척을 만들어서 정면으로써 씨를 심을 곳을 약간 눌러서 2cm 가량 우묵하게 자리 내이고 8cm 가량의 간격으로 넘어가서 다시 이와 같은 방식으로 온상지면의 전 면적에 자리를 내고 씨앗을 떨어트리면 나무에 눌린 자리가 약간 땅땅해져서 씨앗이 떨어진 그 자리에 있지 않고 이리저리 굴러서 고르게 펴진다(그림 7). 이와 같이 된 후에 씨가 보일락 말락 하게 연한 사질이 섞인 양토로 묻어주었다(그림 8).

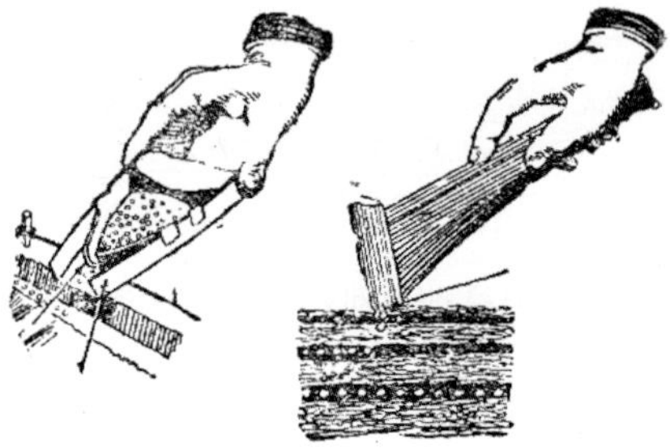

그림 7. 씨를 두는 모양

그림 8. 이랑으로 심어놓은 것

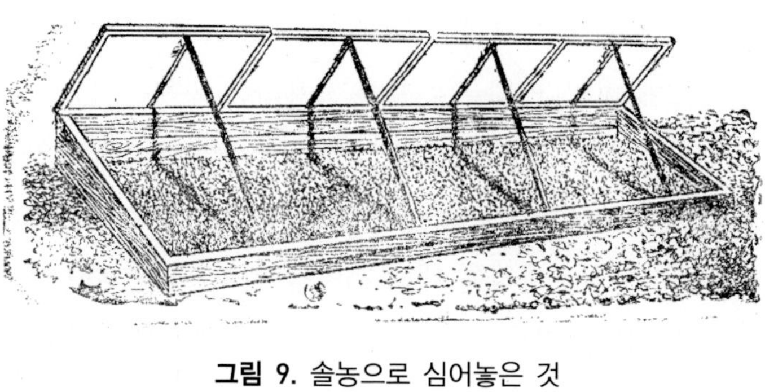

그림 9. 솔농으로 심어놓은 것

이밖에도 점파와 산파법을 이용하였으나 모가 제일 건강하게 자라고 김매는 노력도 적게 들며 병해에 잘 걸리지 않고 모싹의 수량을 많이 얻게 되는 조파식이 가장 효과적이었다.

따라서 온상과 냉상에 파종할 때에는 반드시 조파법을 이용하되 주의할 조건은 밭에 심는 모양으로 이랑에 홈을 치고 심으면 씨가 고르게 나지 못하며 장차 솎아 주는데 많은 노력이 들며 모싹의 수량도 적게 얻어지게 되는 것을 알아야 한다.

파종 후에 주의할 조건들

파종한 후에는 심은 종자가 일정 기한에 일제히 싹이 날만한 습도를 주기 위하여 씨를 심은 위에 볏짚으로 만든 거적을 약간 습기가 돌게 물을 뿌려 바르게 덮고, 흐린 날이면 유리창을 약간 열어놓고 햇볕이 심하게 비추는 날이면 한 절반쯤 열어놓아 공기 유통이 잘 되게 하며 온도가 너무 높지 않도록 주의하여 조절해야 한다.

실험하기 위하여 특별히 햇볕이 잘 나는 날에 유리창을 꼭 닫아둔 결과, 온상 안의 온도가 35℃까지 올라갔다가 밤이면 17℃로 내려왔다. 이 때 싹은 일제히 나지 못하며, 싹이 난 것도 역시 중독이 되어서 잘 자라지 못하고 병해에 걸려 손실을 보게 되었다. 즉 온도의 조절을 항상 주의하여야 된다.

특별히 주의할 것은 종자를 심은 후에 덮었던 거적을 종자가 싹이 틀 때에 바로 벗기어 버리고 밤이면 유리창에만 덮어서 찬 기운을 막아주며 온도를 항상 고르게 하여야 건강한 모를 얻게 된다.

이와 같이 실험하여 파종한지 3일 되는 4월 10일 오후 4시 경에 반수 이상이 발아(發芽) 되었으며, 그 이튿날(4월 11일) 오전 11시 경에는 전부 발아되었다(그림 10).

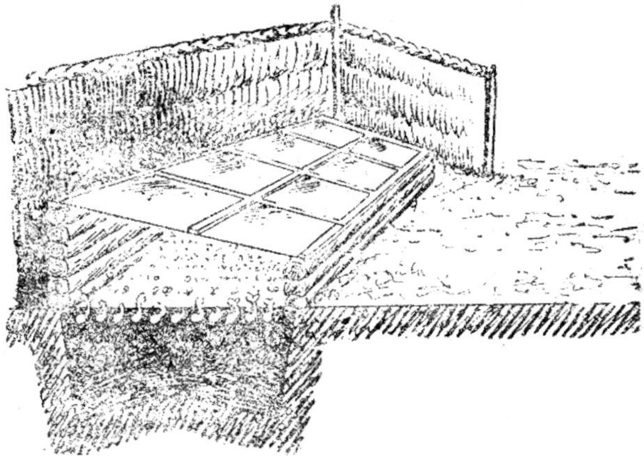

그림 10. 온상에서의 종자발아

모싹을 어떻게 키울까?

모싹을 자라게 하는 데는 보통 밭에 심어놓은 모를 키우거나 냉상에서 키운 것보다 온상에서 키운 것은 매우 어렵고 복잡한 관계로 상당한 기술과 경험적 실습이 있어야 한다.

온상에 파종한 종자로부터 싹이 땅 위로 올라온 뒤에는 햇빛과 공기를 더 요구하게 되기 때문에 낮이면 덮개를 나지막하게 열어놓을 것이며, 밤사이에 모종이 얼지 않도록 유리틀 안의 온도가 8℃ 이상이 되게 하며, 만일에 싹이 너무 빽빽하여 잘 자라지 못하게 되면 솎아 주어야 한다(그림 11).

만약 땅 위에 싹이 나온 후에 온도의 조절과 공기의 유통을 적당히 하지 못하면 양배추의 모는 병해에 걸리어 많은 손실을 보게 되는데 간혹 병에 걸리지 않은 것이 있어도 연약하고, 자라는 중에 중독을 받는 관계로 밭에 옮기어 심으면 곧(인차) 죽어버리며, 성숙이 된 것도 역시 완전한 수확을 얻지 못하게 된다.

그리고 특별히 온상에서 양배추의 모가 2-3개의 잎사귀가 될 때에 가장 위험한 것은 입고병(立枯病, 서서 마르는 병)인데 이 병이 발생하는 원인은 온상에 항상 습기가 돌고 태양이 적당한 도수로 비추이지 못하며, 공기 유통이 적은 데로부터 발생되는 것이다.

그런 까닭에 온상의 위치는 항상 축축한 기운이 없이 보송보송하고 태양이 잘 비추이는 곳으로 정하며, 날마다 창을 열어 공기가 잘 통하게 하는 것이 필요하다.

실험의 결과에 의하면 모싹이 땅위에 나올 때로부터 뽑아 옮길 때까지 제일 충실하고 병해에나 혹은 연약한 것이 없이 잘 자라게 하는 온도는 평균적으로 11℃, 12℃, 13℃이며 6℃, 8℃에서 자란 것은 비교적 충실치 못한 것을 실증의 결과로 얻게 되었다.

그림 11. 싹을 솎아 주는 것

냉상을 만드는 법은 어떠한가?

냉상을 만들 때는 그 위치를 온상의 위치와 같은 곳을 정하고 보통 그 넓이는 150cm, 길이는 400－650cm가 되게 한다. 일찍 모를 키우려고 할 때에는 그 깊이를 50cm 가량 되게 파낸 후에 외양간두엄을 펴고 발로 밟아서 모래 20%, 토양 50%를 섞어서 펴고 파종하며 유리창문 대신에 짚 거적을 덮어서 밤이면 찬이슬과 냉기를 막으며 낮이면 전부 열어서 태양의 광선을 잘 받도록 하는 것이 원칙이다.

또 이밖에 한 가지 방식은 전과 같은 위치에 고랑을 파지 않고 길이를 동남으로 향하게 한 후(길이는 관리하기에 편리하도록 할 것이나 대개로 500－600cm 되게) 발열재료를 넣지 않고 가는 모래가 30% 가량이나 섞은 양토를 30－35cm 되게 고루 펴고 그 위에 파종하며, 심한 온도에서 나는 고병(枯病)을 막기 위하여 사면 주위에 기둥을 세우고 그리 굵지 아니한 나무를 가로 대인 후에 거적을 덮는다(그림 12).

냉상에 파종하는 법은 온상에 비하여 별 차이가 없으며 특별히 주의할 것은 날이 가물거나 혹은 태양열이 강하여 모판에 흙이 마르면 모도 역시 시들어서 완전한 발육을 얻지 못하니, 그런 때에는 물을 고르게 주어서 항상 습기를 보충하도록 하는데 물은 언제든지 분수로 주어서 모가 상치 않도록 할 것이며, 물을 너무 많이 주어 모가 연하여지지 않도록 주의하며 물은 언제든지 저녁때나 혹은 이른 아침에 주며, 모가 너무 많아서 발육이 불충분할 때에는 간격이 고르게 솎아 발육에 지장이 없도록 할 것이다(그림 13).

그림 12. 냉상

그림 13. 물을 주는 모양

모를 어떻게 심을까?

채소 집단농장과 일반 농촌에서 채소수확을 위해, 특히 양배추의 생산량 향상을 위해서는 당연히 온상을 이용해야 충실하고 건강한 모를 얻을 것이다. 그러나 이와 같이 모판을 이용하여 충실한 모를 키워도 모를 뽑아 옮길 때에 잘못 옮기면 많은 수확을 얻지 못하게 되기 때문에 모종을 잘 키우는 기술과 함께 모를 심는 기술까지 알아야 한다.

모를 심는 방법도 여러 가지 방식이 있다. 그런데 원동 각 집단농장에서 심는 방식을 본다면 대개 일찍 심는 종자는 45－55cm, 늦게 심는 종자는 70－80cm 간격을 두고 심으며, 모판에서 모종을 뽑을 때에도 큰 것은 모조리 뽑아서 손에 한 줌씩 쥐고 나무 송곳을 만들어 구멍을 뚫은 후에 모종을 세워 놓고 묻는 것이 통례이다(그림 14). 그 결과로는 포기마다 완전히 크지 못하여 완전한 수확을 얻지 못한다. 우리는 이와 같은 결과를 얻지 않기 위해 경험과 과학적 방법에 의하여 우선 온상에서 모종을 솎을 때에 포기마다 잘 살피어야 된다.

묘두(苗頭－속꾀악이)가 없는 것과 겉껍질이 터진 것들은 다 버리고 제일 튼튼하고도 발육이 잘 된 것을 선택하되 특별히 주의할 것은 병의 전염성을 가진 것은 한 곳에 모아서 불살라 버리든지 땅속에 깊이 묻어버려야 한다.

온상에서 흔히 생기는 입고병에 걸린 모종은 지면으로 부터 1－2cm 정도(어간)에 검게 얼룩진 점이 있는데 이와 같은 것을 심으면 나중에는 전 채소밭에 전염이 되어 손실을 크게 당하게 되는 일도 있다.

그림 14. 모를 옮기는 것

그림 15. 양배추(다두배채)

양배추를 심는데 특별히 시험한 결과를 참고하려 한다. 온상 안의 평균 기온이 12℃ 되는 데서 충실하게 자라 5잎사귀가 될 때에(싹이 난 날부터 37일 만에) 제일 굳센 것을 정밀히 택하여 심었다. 동시에 실험적으로 모를 가려 심은 것과 가리지 않고 심은 것의 생산량을 비교한 결과 그 성적은 다음의 표 2와 같다.

표 2. 모를 가려 심은 것과 가리지 않고 심은 것의 생산량 비교

구분	포기 수	옮겨 심은 날	생산량		비고
			kg	g.	
가려 심은 것	100	5월 20일	180	700	병들어 잘못된 것 3포기
가리지 않고 심은 것	100	5월 20일	132	970	병들어 잘못된 것 12포기

실험에서 얻은 몇 가지 방식

첫째 방식은 양배추가 잘 될 만한 토질을 택하여 가을에 미리 추경을 하였다가 이른 봄에 잘 썩은 퇴비를 펴고 다시 갈아서 땅이 잘 피게 하였다가 모를 옮길 때에 서양쟁기[1]로 이랑을 만들고 모를 심되 70cm 정도에 한 포기씩 옮길 자리를 정하고 나무로 만든 송곳으로 우묵하게 자리를 낸 뒤에 모종을 그 자리에 세워놓고 흙으로 잘 묻은 후에 물을 주고 심는 것이다.

둘째 방식은 첫째 방식에서 말한 바와 같이 토지를 정리한 뒤에 먼저 심을 자리를 정하여 놓은 후에 보통 고려농촌에서 사용하는

1 '가대이'는 쟁기의 방언이다. 연해주 고려인들은 가대이를 '가대이', '양가대이', '목가대이', '쇠가대이' 등으로 구분해서 쓰고 있는데 '양가대이'는 '서양쟁기'로 추정된다.(「꼴호즈 "쓰딸린"의 파종준비 5일 통계」(《선봉》 1932년 4월 2일))

호미로 6cm 가량 되게 홈을 만들어 놓고 그 홈에 물을 주어 물이 땅속으로 스며들기(자저들기) 시작할 때에 모를 심되 포기는 북쪽으로 향하게 하고(모를 옮길 때에는 남풍이 잘 불기 때문에 모종을 남쪽으로 향하게 하면 바람에 요동되어 뿌리를 박는데 지장을 줌으로 북쪽을 향하게 함) 흙을 덮는 것이다.

이상에 지적한 두 가지 방식에 대하여 실험에서 나타나는 결과를 말하면 첫째 방식에 의하여 모종을 심어놓은 후에 물을 준 것은 노력도 적게 들고 쉬우면서 1ha에 2만 포기를 심는데 30일 노력을 이용하면 다 심는다.

그러나 심어놓은 후에 비가 오지 않거나 토지가 다소간 메마르기만 하면 완전한 생육을 얻지 못하고 말라버린다. 간혹 마르지 않고 자라는 것이 있어도 새 뿌리를 일정 기한에 땅속에 박지 못하는 까닭에 중독을 받기 쉬우며 둘째 방식에 의하여 모를 심을 때에 물을 먼저 주고 모종을 놓은 후에 흙으로 덮는 것은 첫째 방식을 이용하는 것보다 노력이 많이 들게 된다. 1ha에 2만 포기를 심는데 36일 품이 들게 된다.

그러나 모종을 한 후에 날이 가물거나 약간 메마른 토질이라도 습기를 잘 보충하면 아무 지장도 받지 않고 일정 기한에 새로 나온 뿌리가 자라서 말라죽는 피해가 없다.

그런 까닭에 토지가 습하거나 또는 날이 가물지 아니하는 해에는 첫째 방식을 이용하는 것이 노력면으로 보던지, 많은 면적을 심게 되는 편으로는 썩 낫다. 그러나 토질이 메마른 지방이라던 지 날이 가물어 모가 잘 자라지 못할 경우에는 둘째 방식을 이용하는 것이 필요하다.

표 3. 먼저 물을 주고 심은 것, 심은 후에 물을 준 것, 전혀 물을 안 준 것을 실험한 비교표

모종한 방식	모종한 날자	사용한 비료	포기 수	습기있는 땅의 수량		건조한 땅의 수량	
				kg	g	kg	g
물을 주고 심은 것	5월 25일	인분	100	162	480	174	350
심고 물을 준 것	5월 25일	인분	100	154	70	165	–
전혀 물을 안 준 것	5월 25일	인분	100	130	–	95	870

모종에 대한 특별 주의

양배추 모를 옮길 때에 그 뿌리를 물에 다소간 헹구어 뿌리에 묻은 덩이 흙을 없게 하여 심기도 한다. 비가 와서 모를 옮길 밭이 질거나 또는 장마로 항상 밭에 흙이 질퍽질퍽 하던 곳에 갑자기 햇빛이 나서 땅이 굳어질 때에는 무엇보다도 꼭 이 방식을 이용하여야 한다.

이것은 양배추 모종이 모판에서 자란 뿌리는 이종(移種)한 후에 그 세근(細根)이 더 자라지 않으며 모판에서와 같이 그 뿌리가 토양의 양분을 흡수하게 되는 것이 아니라, 새로 많은 뿌리들이 발생되어야 양분을 흡수하게 되면서 완전한 발육을 얻게 되는데 모종하는 땅이 질거나 또는 메마른 땅에 모종의 뿌리를 물에 헹구지 않고 심으면 본래 그 뿌리에 묻어있는 흙덩이가 점점 굳어지면서 한데 엉키어 새 뿌리가 생기는데 지장을 주기 때문이다.

따라서 이와 같이 된 모는 일정기한에 자라지 못하고 날이 심히 덥다든지 너무 가물던지 하면 결국은 죽어버리며 간혹 살아난 것이 있다 하여도 중독을 받아서 더디게 자라며, 늦게 통이 앉게 되어 수확이 크게 줄어드는 피해가 생긴다.

따라서 기후와 토질을 관찰하고 모를 헹구어서 심으면 기후와 토질에 약간의 지장이 있더라도 새 뿌리가 속히 발생되기에 생육에 충실하며 수확을 많이 향상시킨다.

그런데 특별히 모종할 토지의 바탕이 점질(첨질, 粘質)이 적고 습기가 적당한 경우에는 물에 헹굴 필요가 없는데, 만일에 모가 말라서 시들시들하여 생기가 없을 때에는 물을 고르게 뿌리어 심되 뿌리에 흙이 신기 우지 않도록 하는 것이 잘 자란다.

이외에 모종의 성숙을 빨리 시키기 위하여 이용하는 방법으로 온상에서 모를 뽑아가지고 그 뿌리를 1/3정도 잘라서 심는 것이 하나의 방법이다.

간격을 어떻게 정하여 심을까?

어떠한 작물이던지 재식밀도가 적정하여야 공기유통이 잘 되고 태양열을 바로 받아야 잘 자라며, 병해에 걸리지 않고 결실도 잘 된다. 원예작물은 직접 밭에 씨를 심는다던지, 모종하던 지를 막론하고 간격이 고르지 않고 너무 드물거나 배거나 겹세우게 되면 수확량이 줄어드는데 양배추의 경우는 생산량이 반 이하로 줄 수 있다.

그런 까닭에 무엇보다도 모종을 할 때에는 그 간격을 바로 정하여 작물이 조금도 영향을 받지 않고 충실하게 자라도록 하는 것이 과학적으로 생산량을 높이는 조건이 된다. 양배추를 심는 간격은 그 종류와 토실과 기후와 일찍 심고 늦게 심는데 따라서 결성된다.

실험결과로 보면 일찍 심는 것과 늦게 심는 종자에 대하여 그 간격을 서로 다르게 정하여야 하는데 일찍 되는 종자는 45 – 55cm 간격에 한 포기씩 심으며, 늦게 되는 종자는 70 – 80cm 간격에 한 포기씩 심는 것이 적당하다(표 4).

만약 토질이 축축한 기운이 없이 보송보송한 데는 간격을 좁게(쩔으게)하며, 토질이 척박한 데는 간격을 늘려 정하여야 된다.

표 4. 밀도의 차이에서 얻은 수확 비교표

파종일	실시한 비료	제초의 회수	1평방 메타의 밀도	수확량	
				kg	g
5월 10일	인분, 요	3벌	4포기	9	250
5월 10일	인분, 요	3벌	3포기	9	800
5월 10일	인분, 요	3벌	2포기	7	000

비고: 양배추를 이종하는 데는 삼각형(세 귀 나게 심는 것)으로 심으며, 1ha에 보통 25,000포기를 심는 것이 수확고 향상에 제일 성적이 좋다.

깊이 심고, 옅게 심는데 무슨 관계가 있는가?

채소를 주업으로 하거나 부업으로 하는 집단농장을 물론하고 양배추를 심는데 있어서 많은 결점들을 가지고 있다. 그 실례로 양배추 모를 심는데 제일 건강한 것으로 가리지도 않고 어린모를 마구 심어서 뿌리가 한데 뭉치게 되며, 또는 깊게도 옅게도 되는대로 심어서 자라는 것이 일정치 못하여 많은 층하가 생기고 생산량도 줄어든다.

그뿐만 아니라 귀한 토지를 낭비하는 피해도 생기게 되는데 이것은 심기를 잘못하여서 충분한 발육을 얻지 못한 까닭이다. 어떠한 작물을 물론하고 씨를 고루 심지 못하거나 일정하게 묻지 못하면 노력은 많이 들고 수확은 낮아지는 것이다. 그런데 양배추 심기에도 이와 같은 일이 많이 있다.

보통 될 수 있는 대로 깊이 심지 말고 옅게 심으며, 흙을 덮은 후에, 단단하게(땅땅하게) 누르지 말아야 하는데 이것도 기후와 토질에 다소 관계가 있다. 땅이 메마르고 날이 가물 때에는 깊이 심고 두텁게 묻을 것이며, 토질에 습기가 있고, 날이 흐릴(흐일) 때에 옅게 심고 옅게 묻어야 한다. 만일 모종을 깊이 심으면 잘 자란다고 하여도 양배추의 잎사귀가 퍼지게 되면 땅 밑에 덮여서 공기가 잘 통하지 못하고, 태양열을 잘 받지 못하게 되어 병해에 많이 걸리고 또는 썩어버리게 되는 예가 많다. 또한, 작은 쟁기로 하는 후치질을 할 때에 흙이 양배추 속에 많이 들어가게 되어 모종은 생기를 내지 못하고 더욱 연약하여지는 피해가 있으니 모를 옮기는데 특히 주의하여야 될 것이다.

표 5. 모종하는 시일의 관계로 차이 되는 수확량

실시한 비료	김매는 수	파종한 날자	포기 수	수확량	
				kg	g
인분, 요	3벌	5월 10일	20	34	000
인분, 요	3벌	5월 19일	20	34	800
인분, 요	3벌	5월 20일	20	26	700
인분, 요	3벌	5월 30일	20	21	200

생산량을 향상시키는데 가장 중요한 조건은 이에 적응되는 토지를 선택함에 있으니 그 지방의 토질을 분명히 관찰하여 토질에 적당한 작물을 심는 것이 큰 의의가 있는 것이다. 채소작물에 있어서는 어떠한 종류를 물론하고 그 작물에 적당한 토질을 선택하여 심는데 많이 주의해야 한다.

먼저 그 지방의 토지에서 자라는 식물들의 종류가 서로 다른 것을 보아서 그 토질에 대한 성질을 짐작할 수 있다. 예를 들면 잔디

풀이 많이 나는 곳은 항상 습기가 있고, 억새(새)와 싸리가 많이 나는 곳은 심이 축축한 기운이 없이 보송보송하며, 깨와 쑥 같은 것이 많이 나는 데는 토지가 다소간 건조하나 토질이 좋아서 채소를 심기에 적당하다.

또한, 경사지는 일반적으로 공기유통이 잘 되며, 태양을 잘 받게 됨으로 채소를 심는데 병과 해충에 대한 침해를 덜 받게 된다. 그러나 경사지도 그 위치에 따라서 여러 가지의 자연재해를 많이 입게 되는데 서남쪽으로 경사진 땅은 온도가 가장 높고, 기온의 변화가 많으며, 서풍에 다소간 피해를 당하게 되며, 북쪽으로 향한 경사지는 항상 온도가 높지 않고, 태양열을 잘 받지 못하기에 채소를 심기에는 적당치 못하다.

만일 경사지에다가 채소를 심는다면 남향의 경사지가 제일 적합하다고 볼 수 있으나 그것도 역시 토양의 성분에 따라서 관계가 있다.

그런데 채소 중에도 그 종류에 따라서 요구되는 위치와 토질이 서로 각각 다르게 되는데 양배추는 흙이 너무 축축한 기운이 없이 보송보송하지도 습하지도 않아야 하기 때문에 산 옆이나, 골자기가 아닌 평평한 곳이라야 된다.

그러므로 서남편이 다소간 경사가 지고 동북편이 딱 막힌 곳이 기후상으로 매우 적당하며 또 이러한 지대에 검은 양토에 사질이 섞인 토양이라면 더욱 좋을 것(표 6)이니 이러한 토질에는 밭갈이와 모종을 하기 쉬우며, 기르는데도 노력이 적게 들고 공기유통이 잘 되고 햇빛을 잘 받으며 가뭄이 쉽게 들지 않으므로 채소가 잘 자라 많은 수확을 얻게 된다.

표 6. 사질양토와 점질양토에서 얻은 수확량의 비교(양배추)

파종일	실시한 비료	제초의 회수	간격의 밀도	사질양토 1평방m, 수량		수확의 %	점질양토 1평방m, 수량		수확의 %
				kg	g		kg	g	
5월 10일	인분	3벌	3폭	9	800	350	7	400	279
5월 10일	외양간 두엄	3벌	3폭	7	300	267	6	700	238
5월 10일	닭똥	3벌	3폭	8	400	275	7	800	284
5월 10일	–	3벌	3폭	3	700	132	2	800	100

비고: 실험농장에서 수확량을 조사한 결과에 1평방m 면적에서 평균 1,400g이 되었음.

채소가 잘 되지 않는 몇 가지 토양

1. 단단한 개질 흙이 섞인 밭에는 채소가 잘 되지 못하는데 씨앗을 심으면 잘 나지도 않으며, 수확이 아주 적게 난다. 이런 토질은 공기가 잘 유통되지 못하고 수분이 잘 통하지 못하며, 비가 오면 습기가 얼른 빠지지 못하고 바로 굳어진다. 그래서 작물의 뿌리가 길지 못하고 잎이 잘 펴지지 못한다.
2. 사질이 많이 섞인 토양에도 채소가 잘 되지 않는다. 수분과 공기 유통이 잘되어 밭갈이는 쉬우나 비료의 양분을 보충하지 못하는 관계로 채소가 잘 자라지도 못하는 중에도 온도가 항상 높으며, 가뭄이 잘 들게 된다.

그러므로 이와 같은 밭에는 석회나, 혹은 이탄 같은 것을 뿌리어 토양을 개량하여 심을 것이니 석회를 실시할 때에는 먼저 그 분량을 정해야 되는데 매질이 섞인 땅에는 1ha에 3 – 4.5톤, 사질토 1ha에는 1.5 – 2톤을 주는 것이 특별한 효과를 얻게 된다.

석회를 뿌리는 방법은 파종할 때에는 사용하지 말고 가을갈이(추경)할 때에 쓰되, 가는 모래를 3배가량 고루 섞어서 주어야 한다. 점질이 많은 밭은 습기만 잘 빼면 소출이 많이 나게 되며, 석회질 땅에는 비료를 많이 주고 심으면 근채류가 잘 된다.

제일 좋은 밭을 가려서 채소를 심는 일에만 치우치지 말고, 어떠한 토지든지 개량할 방침을 연구하여 다순경작제를 실현하여야 된다.

채소의 수확을 높이려면 반드시 가을갈이를 하여야 되며, 우선 파종을 잘 하여야 한다. 따라서 파종을 제 시기에 진행하며 유일한 보충조건은 무엇보다도 가을갈이를 계획대로 하며, 가을갈이의 질을 향상시키는데 있으니 이것을 성과 있게 실행하려면 반드시 가을갈이가 채소의 수확에 어떠한 관계가 있다는 것을 잘 알아야 된다.

채소를 심기에 적합한 토양이라 할지라도 개량이 없이는 완전한 수확을 얻지 못할 것이며, 비록 척박한 토양이라도 과학적으로 개량하며, 가을갈이를 적당하게 하면 채소 심기에 적합한 토양이 되게 할 수 있는 것이다.

어떠한 토양에서도 추수한 다음에 가을갈이를 하지 않고 그대로 내버려두면 토질은 점점 굳어지고 모든 잡초의 뿌리까지 서로 엉키어서 분해 작용이 되지 못하므로 차차 더 굳어져 공기와 수분이 유통되지 못하며 또는 화해(化解)되지 못하므로 이와 같은 토양에는 어떠한 작물이던지 그 뿌리가 뻗는데 큰 방해가 되며, 작물에 양분을 만들어내는 박테리아가 발생치 못하므로 작물은 잘 자라지 못한다.

특히 채소는 보통 내과작물과 달라서 무 등속은 밑이 잘 들지 않으며, 배추 등속은 통이 잘 들지 못한다.

그러므로 어떠한 토지든지 제때에 가을갈이를 하면 그 수확을 20－30%까지 향상시킬 수 있는 것이다. 같은 토양으로도 가을갈이를 하고 아니한 밭에 수확의 차이를 소개하면 다음과 같다(표 7).

표 7. 실험에서 얻은 통계표.

채소의 종류	가을갈이를 못한 밭	가을갈이를 한 밭	봄, 가을갈이를 한 밭
감자	100%	118%	124%
양배추	100%	114%	118%
당근	100%	128%	134%
비트	100%	124%	125%
열콩	100%	114%	122%
노배	100%	113%	118%
배추	100%	116%	117%
사탕무우	100%	121%	129%
순무	100%	119%	128%
봄무우	100%	112%	120%

특별히 점질이 많이 섞여 채소가 잘 되지 못하는 토질에 대해서는 가을갈이하는 것이 더욱 필요한데 수확량을 배로 높이게 된다.

본래 토양은 작물에게 양분이 될 만한 용액(溶液)을 분배하면서 부분적으로는 토양의 자체가 흡수하고 또는 저축하면서 그를 잘 보관하는 성질이 있음으로 작물이 자라는 때에 모든 요소의 비분을 작물에 고루 보내어주니 특별히 우리의 안목으로는 볼 수 없는 미생물이나 박테리아를 발생케 하여 토양의 성분을 분해시키어 작물에 요소가 되는 질소, 인산, 가리 같은 것을 만들게 된다.

원동의 토지는 대개 점질이 많이 포함되어 있음으로 가을갈이를 하지 않으면 우선 미생물이나 박테리아가 발생되는데 막대한 지장을 주게 되어 수확에 큰 영향이 있다.

가을갈이에서 얻은 여러 가지 경험과 효과

가을갈이는 어떠한 토지를 물론하고 토지를 개량하고 수확량을 높이는데 여러 가지 이익을 준다.

그러나 다만 모래가 많이 섞인 토지에 대하여 가을갈이를 하는 것은 도리어 손실을 당하게 될 수 있는데 가령 모래가 많은 땅을 가을갈이한다면 파종시기에 흙이 건조하여 씨앗에 싹이 잘 트지 않으며 가뭄을 잘 타는 관계로 비가 잘 오지 않는 해에는 수확에 손해를 보게 된다.

그러나 이와 같은 토질을 제외하고는 가을갈이하는 것이 수확량을 높이는데 직접 간접으로 큰 의의가 있으니 감자, 무 등속의 근채류는 그 뿌리를 땅속에 깊게 박기 때문에 깊은 땅속에 포함되어 있는 양분을 흡수하며 양배추와 배추 등속은 뿌리를 깊이 박지 못하므로 토양의 표토(表土)에 포함되어 있는 양분을 흡수하게 된다.

그러므로 가을갈이를 하면 우선 토양을 분해시키는 작용에만 멈추는 것이 아니라 밑에 흙과 위 흙이 서로 섞이면서 양분을 고르게 분포시키며 토양을 햇볕에 고르게 내워 부드럽게 만들어주어 채소의 씨앗에서 싹이 나고 자라는데 큰 도움을 준다.

그리고 어떠한 해충이던지 그 유충(幼蟲)이 추운 겨울을 지날 방법은 곡식뿌리와, 땅속에 숨어 있다가 춘절이 되면 다시 소생하여 부화(알을 까는 것)작용을 일으킨다. 만일 가을갈이를 한다면 토양 속의 흙과 곡식뿌리들이 위로 올라오게 되어 해충과 그 알들이 겨울 추위에 얼어 죽게 되므로 해충들을 예방하는 데도 효과가 있다.

뿐만 아니라 각종 채소들이 요구하는 비료가 서로 다른 까닭에 토양에 남아있는 양분이 일정치 못하게 되는데 가을갈이한 밭에는 비료분이 섞이게 되고 토질이 가을볕에 타고 겨울 추위에 얼어붙게 되어 토질이 부드러워지고 온도가 높게 된다. 그러므로 가을갈이한 밭은 자연히 축축한 기운이 없이 보송보송하여진다. 비료를 적게 주어도 수확량이 높아져서 비료가 절약되기도 한다.

가을갈이하는 방식

가을갈이에 대하여 두 가지 방식이 있는데 첫째는 깊이 가는 것이며, 둘째는 옅게 가는 것이다.

첫째 방식으로 깊이 갈아버리면 채소들이 뿌리를 깊게 박으며, 양분을 흡수하는 면적을 넓게 차지하며 밑에 있는 생땅의 토양도 성질을 개량시킨다.

그러나 깊이 가는데 주의하여야 할 일은 밑에 흙이 항상 굳어서 수분이 부족하거나, 또는 농작물에 양분이 될 만한 비분이 없는 토양에 깊이 가는 방법을 이용하면 성과를 얻지 못할 수 있다. 이는 땅 밑에 짜개돌이 많거나 농작물에 해로운 물질이 많이 포함되어 있는 토양이 위로 올라오기 때문이다.

수분이 많고 냉습한 토지에서는 가을갈이하기 전에 먼저 수로(수도)를 쳐서 물을 뽑아버리고 깊게 갈아 주는 것이 가장 필요하다.

채소원의 밭갈이는 보통 그 깊이를 20－22cm 가량이 되게 가는 것이 필요한데 특히 주의할 것은 첫해에는 옅게 갈며, 그 이듬해에는 깊게 가는 방식을 순차적으로 해마다 번갈아 수행하여야 된다.

이것은 첫째로 작물이 토양 가운데 있는 양분을 흡수하는데 영향을 주며, 둘째로는 금년에 깊이 갈았던 것을 명년에 옅게 갈면 잡초들의 종자가 땅속에 묻히어 썩기에 이로운 점이 많다.

그런데 너무 깊이 갈거나 너무 옅게 갈게 되면 다른 작물보다도 채소작물에서는 반소작도 얻지 못할 것이니 가을갈이에 대하여 해마다 제 시기에 실행하거나 넘치어 실행할 것이며 봄 파종에 맞는 적당한 시기에 수행되어야 한다.

채소원의 가을갈이는 어떻게 할까?

아무리 좋은 토지라도 밭갈이를 잘 하지 못하면 농작물의 수확고를 높일 수가 없다. 그러므로 밭을 제 시기에 갈아 파종할 씨앗이 싹 나는 때로부터 자라는 동안에 공기와 수분이 적당하도록 잘 유통되게 하고 작물에 방해 주는 잡초들을 없애고 두엄도 효력이 있도록 묻어주어야 한다.

만일에 밭을 잘 갈지 않거나 또는 제 때에 갈지 못하고 늦게 갈아버리면 사연히 땅은 굳어지며, 잡초와 해충들이 많이 생기어 토양을 척박하게 만들며 높은 온도를 보장하지 못하게 되는 관계로 씨도 잘 붙지 않아 모가 잘 자라지도 못한다.

그런데 밭갈이는 밭이 질거나 너무 마른 시기를 가능한 한 피하여 갈아야 되는데, 특별히 원동의 토지를 관찰하여보면 점토질이 많아서 만약 밭갈이를 하여 놓은 후에 비가 오면 갈아놓은 것이 굳어지게 된다. 그러므로 이런 경우는 다시 갈고 심어야 완전한 수확을 얻을 것이다. 더구나 채소는 특별히 토지의 양분을 많이 흡수하는 관계로 토지의 힘이 빨리 없어지는 것만큼 밭갈이를 합리적으로 실시하고 기타 토지개량 방법을 적용하여야 수확량을 향상시키게 될 것이다.

밭갈이의 몇 가지 방식과 그의 이해

밭갈이에 전체갈이와 이랑갈이의 방식이 있는데 채소에는 이랑갈이가 가장 적당하다. 그런데 주의할 것은 가을갈이에 대하여서도 말한 바와 같이 생흙이 나도록 너무 깊게 갈아서는 아니 되고 표토만을 갈아서 채소가 자라는 동안에 양분을 많이 흡수하도록 하여야 된다.

이것도 밭의 성질과 채소의 종류에 따라서 다소 차이가 있는데 검은 표토가 깊거나 또는 감자와 무 등속의 근채류를 심을 밭이면 18－20cm 되게 비교적 깊이 갈아서 뿌리가 잘 들게 하며, 기타의 작물을 심을 때에는 16－18cm 되게 가는 것이 필요하다.

어느 지방을 물론하고 채소 심는 토지는 특히 축축한 기운이 없이 보송보송한 토양을 선택하려니와 토지가 보송보송할수록 밭갈이는 어느 한도까지 깊게 갈아야 된다.

채소원의 정리

채소는 특별이 다른 작물과 달라 밭갈이를 한 다음에도 노력을 많이 들여야 되는데 갈아놓은 밭에서 풀뿌리와 묶은 곡식뿌리를 없애고 기타 검불을 다 걷어낸 후에 비료를 많이 덮는다.

이렇게 하여야 땅이 굳지 않고 흙덩이가 잘 용해되어 채소의 싹이 잘 발육되며, 뿌리도 굽어들지 않는다. 채소가 잘 되고 못 되는 것이 채소원의 정리를 잘 하고 못 하는데 달렸다.

그리하여 채소를 심을 밭에 바람이 잘 유통되고 햇빛을 잘 받으며, 흙덩이가 잘 풀어져 뿌리를 잘 박아야 채소가 빨리 자라며, 특히 양배추는 통이 잘 든다.

그러므로 묵은 밭을 경작할 때에는 풀들을 베어 모아놓고 불을 지른 후에 엉키어 있는 풀뿌리들을 들추어 멀리 내버리고 16－18cm의 깊이로 갈아 두었다가 다시 이듬해 봄에는 20－22cm의 깊이로 갈고 둔덕을 만들어야 하는데 둔덕이 크고 적은 것은 관리에 편리하도록 할 것이나 대체로 둔덕의 넓이는 1m 길이는 15－20m 가량 되게 하는 것이 가장 합리적이면서도 관리하기에 편리하다.

채소를 많이 심을 때에는 쟁기(가닥이)로 둔덕을 잘 만들어 놓고 심어도 무방하다. 둔덕을 너무 넓게 만들면 김을 맬 때와 기타 여러 가지 일하기에 불편을 느끼게 되고 또 너무 좁게 만들어도 채소의 발육에 장애가 된다.

그리고 둔덕의 높이는 밭의 형편을 따라서 정하는데 너무 축축한 기운이 없이 보송보송한 땅에는 그 높이를 10－15cm 되게 하고, 수분이 적당한 밭에는 20－30cm 되게 하며, 습기가 많아서 항상 밭이 질면 60－70cm로 하는 것이 가장 적당하다.

이렇게 만들어 놓은 둔덕은 햇빛을 잘 받으며, 공기가 잘 유통되어서 비가와도 물이 곧(니어) 빠지게 되며, 큰 추위에도 동해가 잘 들지 않게 된다.

특별히 사질이 많고 축축한 기운이 없이 보송보송한 밭에는 둔덕을 만들지 않고 심는 것이 도리어 노력이 적게 들며 후치질과 김매기에 대단히 편리하다.

한 밭에다가 한 종류의 작물을 여러 해 동안을 계속하여 심으면 토질이 점점 척박하여지고 수확도 점점 감소되는 것은 누구나 경험으로 다 알 것이다. 그러므로 농업이 그리 발달하지 못한 시대에도 밭을 묵히는 방법을 이용하여 수확량의 향상을 도모하였다. 그러나 지금같이 발전된 농업시대에서는 결코 실행할 수 없는 것이다.

윤작법은 돌려짓기(긁으받굼, 그루바꿈)이다. 다시 말하면 흰 조와 검은 콩(긁으, 열콩 등의 숙곡류를 심은 콩)의 두 가지 작물을 교대로 심는다. 작물들의 종류에 따라 요구하는 양분이 서로 다르므로 윤작법이 요구되는 것이다. 과학적으로 윤작법의 방식을 말한다면 무엇보다 비료를 절약하며, 토질을 개량하며, 수확량을 높이는 것이다.

각종 작물들의 성질과 토양의 성분을 참작하여 절차 있게 심는 윤작법이 있으니 보통 농작물에 대하여서는 삼포윤작, 사포윤작, 칠포윤작 등이 있고, 특별히 채소에 대하여서도 삼포윤작법이 있는데 이 방법은 토질의 성질에 따라 엽채류(배추, 양배추, 시금채, 상갓 등), 근채류(무, 로배, 감자, 비트, 순무, 당근 등), 콩류(열콩, 원두 등)의 요구하는 양분이 다른 것을 참작하여 3개의 구역(우차쓰크, 우차스뜩)로 나누어 이상에 나열한 작물들을 심고 그 다음에는 순서적으로 규칙 있게 번살아(번라가) 심는 돌려짓기에 대한 예시는 다음과 같다(표 8).

표 8. 삼순 경작의 예표

제일년	양배추	감자, 무우	열콩
제이년	감자, 무	열콩	양배추
제삼년	열콩	양배추	감자, 무

윤작의 효과

첫째는 비료를 절약하게 되는데 어떠한 토양을 물론하고 작물에 양분이 되는 화학적 원소가 있는데 채소들도 그 자라는 동안에 각각 요구하는 원소가 서로 달라서 더 많이 요구하게 되는 것이 있으니 무, 순무, 당근, 사탕무우, 비트 등 근채류는 칼륨(카리움, 加里)이 많이 요구되므로 만일 한 밭에다가 해마다 계속하여 한 종류의 작물만 심으면 칼륨이 점점 적어져 이와 같은 종류의 채소가 잘 되지 못할 것이다.

이때에는 질소를 많이 요구하는 배추, 양배추 등으로 바꾸어 심으면 그 밭에 남아있던 질소는 무 등속이 적게 요구하였으므로 이 채소는 잘 될 것이다. 그 후에도 이 방식으로 교대하여 심으면 역시 많은 생산량을 얻게 될 것이다. 따라서 이와 같이 윤작을 실시하는 것은 자연적으로 비료를 절약하게 되고 노력까지 절약하게 되는 이익이 있다.

둘째는 해충과 투쟁하는데 큰 방법이 되는데 한 종류의 채소를 한 밭에 계속하여 심으면 그 채소에서 생기는 해충들은 한층 더 심하게 되어 나중에는 소작을 못 얻는 일까지 있다. 그러므로 해마다 그 해충이 먹지 못할만한 채소로 바꾸어 심으면 해충들은 자연히 소멸되고 감소되기 때문에 채소재배에서 돌려짓는 법을 이용하면 해충피해를 줄일 수 있다.

셋째는 여러 가지 잡초들을 제거하게 되는데 물외, 참외, 수박, 호박, 양배추와 같이 잎사귀가 많이 무성하고 넝쿨이 잘 뻗는 작물을 심은 밭에서 나는 잡초들과 무 등속의 작물을 심은 밭에서 나는 잡초들이 서로 다르다.

일정한 밭에 한 종류의 작물을 계속하여 심으면 잡초들은 더욱 번성하여 많은 해를 주게 되는데 돌려짓는 방법을 이용하면 잡초들은 자연히 감소되어 다시 번성하지 못한다.

채소원과 비료

어떠한 작물이던지 땅에서 나서 결실될 때까지 양분의 큰 부분은 토양에 있는 광물질을 적당한 햇빛, 온도, 수분의 물리적 및 화학적 작용의 도움(돕음)을 얻어 흡수하는 것이다.

그러므로 토지는 제가 가지고 있던 여러 가지 양분을 점점 잃어버리게 되어 시일이 지날수록 척박하여 지는데 그중에 일반 작물이 제일 많이 요구하는 양분은 질소, 인산, 가리이다.

작물에 있는 성분을 분석하여 본다면 대기 중에서 직접 얻는 것도 있지만 대부분은 위에서 지적한 바와 같이 토양에서 얻게 되는 것이다. 즉, 작물이 요구하는 양분이 토양 가운데 많이 포함되어 있으니 그것을 작물이 요구하는 분량대로 놓아주어야 그 작물에서 많은 수확을 얻게 되는 것은 누구나 다 알 것이다.

필요로 하는 양분의 분량과 성분은 작물의 종류에 따라서 서로 다르다. 보통 벼과 작물은 질소와 인산을 많이 요구하며, 콩과작물은 가리와 인산을 근채류 작물은 가리를 엽채류 작물은 질소를 더 많이 요구하게 된다.

작물에게 비료를 줄 때에는 그 비료의 성분과 작물에 요구되는 성분을 잘 확인하여야 한다. 만약 이에 대한 지식이 없이 비료를 주면, 도리어 작물에 많은 해가 되는데 가령 콩류의 하나인 콩은 인산과 가리를 많이 요구하는데 여기에 질소가 많은 비료를 주면 콩은 장차 잘 자라기는 하나 열매가 적게 맺으며 결실까지 불충분해진다.

비료 중에도 포함되어 있는 것이 각각 다르며 분량도 역시 같지 않아 질소, 인산, 가리의 3요소가 포함된 그 분량을 따라서 질소 비료, 인산 비료, 가리비료라고 하니 이것을 자세히 하면 아래와 같다.

그림 16. 비료를 저장하는 광경

Ⅰ. 질소비료

각종 비료들 중에 질소를 비교적 많이 포함한 것은 인분, 요, 구둘재 등이며, 구비(외양간두엄)와 녹비(풀썩은 두엄) 등도 질소비료라고 한다. 보통 이상에 지적한 비료들은 어떤 농촌에서도 많은 것인데 이 비료들의 작물과 보통 토양에 주는 효력들을 적으면:

1. 이 비료들이 흙 가운데에 섞이게 되면 화학적 작용에 의하여 수분을 흡수하는 힘이 강해져 여간한 동해에 피해를 받지 않게 되는 효력이 있다.

2. 햇빛을 충분히 흡수하므로 토양 중의 온도를 항상 높게 하여 작물의 생장에 많은 도움을 준다. 실험에 의하면 질소비료가 화학적 비료의 과인산 석회, 유산가리, 염화가리, 기타 콩깻묵, 유박 같은 비료를 실시한 토양의 온도보다도 평균 2℃ 이상 온도가 높게 되어 연해주 같이 냉습한 토양에 주면 더욱 효력이 있다.
3. 이 비료들은 토양의 성질을 개량하는데 특히 점질이 많이 섞인 토질에 주면 공기와 수분이 잘 유통되어 토양의 성질을 성글게 하고, 모래가 많이 섞인 토양에 실시하면 수분을 흡수하는 힘과 비료의 양분을 발생케 하는 힘이 강해져 작물의 성장, 성숙에 많은 도움을 준다.
4. 이상에 말한 비료들은 작물에 대하여 자극성을 주는 작용과 작물을 소독시키며, 살충작용까지 하게 되는 화학적 원리에 의하여 많은 효과를 준다. 그러나 콩과작물에는 불필요하다. 콩과작물의 뿌리에는 근류균이 발생되어 번식하면서 토양의 공기 가운데 유리질(有利質)을 질소화합물로 변하게 하여(질소와 물을 화합하여 초산암모니아를 만든 것) 작물이 잘 자라게 하므로 특별히 질소비료는 주지 않아도 무방하다.

Ⅱ. 인산비료

인산비료 중에 특별히 과인산석회 같은 것은 토양의 성질을 개량하는 힘이 강하며, 작물이 잘 자라게 하는 효력이 있으나 이 비료들을 주는데 특별히 주의할 조건들이 있다.

1. 만일 과인산석회를 일시에 많은 분량으로 실시하면 토지가 속히 척박해져 작물에 많은 손실을 주게 되는데 과인산석회를 실시할 때는 특별히 주의하여 밭갈이 전 7－8일을 앞에 두고 주며 구비나 퇴비 같은 것과 혼합하여 주어야 한다.

Ⅲ. 가리비료

가리비료도 줄 때에 특별히 주의하여야 한다. 원동의 각 실험농장에서 실험 중에 있는 염화칼륨(염화가리)을 실시할 때에도 작물을 심기 10여일을 앞에 두고 준 후에 경작하여야 된다.

그리고 외양간두엄 같은 것은 농촌의 유일한 자연비료로써 어떠한 곡식에든지 많은 효력이 있지만, 감자 등을 심는 데는 다른 비료에 비하여 그 가치가 훨씬 낮으며, 한 작물을 여러 해 동안을 계속하여 심어 생산량 감소를 당할 때에는 콩을 심었다가 깍지가 달릴 때에 마구 갈아엎는 것이 큰 효력이 있다.

가리의 성분은 콩의 생초에 더 많으며, 참나무와 같은 활엽수(闊葉樹)와 곡물 지푸라기 등의 탄 재 가운데에 많이 있어 무와 같은 근체류 등을 심는 밭에 주면 뿌리가 잘 들어 생산량이 많게 된다.

좋은 비료들을 많이 주어야 채소는 빠르게 자라게 되는데 각 농장에서 얻을 수 있는 비료 중에 마소의 똥, 닭의 똥, 인분, 부엌재 등을 하나도 버리지 말고 다 이용하여야 한다. 마소의 똥은 미리 잘 썩혀 두었다가 봄에 눈이 녹으면 즉시 밭으로 실어내되 채소가 잘 되기 위하여 첫해에는 밭 1ha에 비료 36－40톤을 내어야 되며,

그 후에는 3년이나 4년에 한 번씩 비료를 주되 25 - 30톤을 꼭 주어야 된다. 그리고 기타의 비료를 주는데 에는 실험에서 얻은 수치적 자료를 참작하는 것이 필요하다.

표 9. 비료실시에 대한 양배추 수확량의 비교

비료	포기 수	사질양토의 1평방m, 수량		점질양토의 1평방m, 수량	
		kg	g	kg	g
인분	3	9	800	7	400
구비	3	7	300	6	700
계분	3	8	400	7	800
비료 안준것	3	3	700	2	800

위의 비교표(표 9)에 의하면 사질양토에 인분을 준 것이 제일 양호한 성적을 얻게 되었으며, 또는 같은 토양에 보비(인분, 요를 썩인 것)를 준 것과 보비를 주지 않은 것을 비교하면 큰 차이가 있는데, 보비를 준 것이 370g의 수확을 향상시키게 되는 것을 확인하여 채소농장에서는 반드시 인분, 요(사람의 똥, 오줌)를 채소재배에 이용하라고 권고를 한다.

인분과 요는 농촌에 유일한 비료로써 특별히 채소를 짓는데 가장 많은 이익을 주는 비료이다. 그러나 각 농장에서는 사용방법을 잘 이해하지 못하여 인분과 요의 양분을 다 잃어버리고, 인분과 요를 저장하는데 부주의 하는 까닭에 기본성분(基骨成分)을 잃어버리며, 사용하는 방법을 서투르게 하여 작물의 결실에 완전한 효과를 얻지 못하는 일들이 종종 있다.

그러므로 일반 채소농장에서는 채소재배에 제일 많이 유익되는 인분과 요의 사용에 대한 지식과 그 처리방법에 대하여 많은 주의를 돌리고 연구하며 경험을 응용하여 채소의 수확량을 향상 시켜야 한다.

인분과 요 제조법

인분, 요는 항상 잘 썩히어 사용하여야 되는데 잘 썩지 않은 것을 작물에 주면 이롭지 못한 것을 이전부터 내려오는 경험에 의지하여도 가히 알 것이다.

잘 썩지 않은 인분, 요는 첫째로 너무 걸어서 거기에 포함되어 있는 2%의 오줌기운과 1.5%의 소금성분이 흙속에 흡수되지 아니하며, 가령 거기에 물을 많이 탄다하여도 풀린 액체가 더 농후하여짐으로 작물의 뿌리로부터 흡수작용이 되지 못하여 결국에는 줄기와 잎사귀까지 시들어서 말라버리게 되며, 둘째로 인분의 질소를 손실하게 되는 손해가 있으며 오줌에 있는 질소는 토양에 흡수되지 않고 땅 위에 녹아 갈아 앉는다.

인분, 요를 준 뒤에 비가 오면 비료 중에 제일 중요한 요소인 질소가 다 식어서 작물에는 하등의 이익을 주지 못한다. 그와 반대로 잘 썩은 인분, 요는 요소(오좀긔운)가 썩을 때에 화학적 작용에 의한, 변화를 일으켜 탄산암모니아가 된다. 이 탄산암모니아는 토양에 잘 흡수될 뿐만 아니라 인분과 요가 많으면 그 농후한 농도가 작물에 적당히 흡수되어 작물을 키우는데 많은 이익을 준다.

그러므로 채소를 재배하는데 인분, 요를 사용하려면 무엇보다도 잘 썩혀 쓰도록 하는 방법을 취하여야 될 것이니 이것을 잘 썩히려면 우선 비료 통이나 웅덩이에 넣고 2-3배의 물을 섞은 뒤에 잘 저어서 두면 차츰 썩는 작용을 일으키며, 썩는 동안에는 그중에 건더기 같은 것이 잘 풀리게 되어 탄산소기(炭酸沼氣), 유화수소(硫化水素) 등의 가스를 발생하는 동안에 오줌에 있는 요소는 탄산암모니아로 바뀐다.

그리고 분과 요가 완전히 썩는 날 수는 기후가 차고 더운데 따라서 차이가 있으나 보통 십일 내외가 되면 충분하며, 원래 산성(酸性)의 오줌은 변하여 작물에 유익을 줄만한 염기성(鹽基性)이 되며, 똥과 오줌은 변하여 어두운 갈색(褐色, 홍차빛)이나 또는 풀잎같이 푸른 갈색이 되는데 이것이 즉 썩었다는 증거이다. 이 똥과 오줌이 썩을 때에 발생하는 탄산암모니아는 비산하는 성질이 많은 까닭에 그것을 다룰 때에 부주의 한다면 잃게 되는 손해가 있다.

저장에 주의

인분과 요를 과학적으로 썩히는데 대하여는 먼저 저장소를 합리적으로 적당하게 만들어야 할 것이니 우선 위치에 대하여서는 될 수 있는 대로 음기 있고 냉한 곳을 택하여야 한다. 비료통 혹은 웅덩이에는 덮개를 덮어서 공기유통을 방지할 것이니 만일 높은 온도에 공기유통이 심하면 암모니아가 다 날아가 버리게 된다. 그리고 인분, 요를 잘 저어서 둘 것이니 만일 그렇게 하지 않는 때에는 인분, 요가 점점 걸어지면서 암모니아가 발산되어 인분이 유실되고 만다.

특별히 오랫동안 저장하여 두려면 횟가루를 좀 섞어 둘 것이니 이와 같이 하면 암모니아가 휘발되지 않으며, 특히 주의할 것은 인분과 요 중에 전분(澱粉)과 밀짚 종류와 같이 잘 썩지 않는 물질이 조금도 섞이지 않도록 하여야 된다.

그림 17. 비료저장소, 사용하는 기구

인분과 요 사용에 대하여

인분과 요의 비료성분은 그 효력이 빠르기 때문에 단번에 많은 분량을 주지 말고 작물이 자라는 동안에 여러 번 나누어 적당히 주어야 된다. 그리고 인분과 요에는 질소가 많은 비료이기에 인산과 가리를 요구하는 당근과 기타 근채류에는 반드시 인산과 가리가 많은 비료와 섞어 사용할 것이다.

또한 잘 저어서 사용하여야 되는데 만일 걸어진 것을 그대로 사용하게 되면 암모니아의 발산과 냄새 때문에 모든 해충을 유인하여오는 피해가 있으니 채소에 전염병을 기르게 되므로 반드시 인분과 요를 잘 썩혀서 사용할 것이다.

특별히 질소는 작물에 필요하지만 양배추에는 무엇보다도 제일 필요하다. 이상에 지적한 비료를 주는 중에 제일 수확량을 높일 것은 인분과 요를 준 것이다. 인분과 요가 많은 효력을 주는 것은 단백질과 질소 그리고 유기물질이 양배추와 기타 작물을 기르는데 필요한 원소가 되는 까닭이다. 만약 작물에 질소분이 불충분할 때에는 완전한 생육(生育)을 얻지 못한다.

그러나 질소를 너무 주면 자라는 데 거침이 없으나 일정 기간에 성숙되지 못할 염려가 있으며, 결실에까지 해를 주게 된다.

그리고 비료의 종류들을 나누어서 질소, 인산, 가리라 하게 됨은 그 요소의 성분이 포함되어 있는 퍼센트가 많고 적음에 따라서 지칭하는 것인데 그 요소는 다소간 같은 비료의 종류라도 퍼센트의 수효는 언제든지 같지 않으니 그것은 그 비료가 잘 썩고 잘못 썩은 데와 그 섞여있는 물질의 종류가 서로 같지 않은 것과 시기 관계여하에 따라서 같지 않다.

그러므로 비료의 성분은 그 실물을 분해하여 보기 전에는 완전한 숫자적 성분을 지적하기 매우 어려우나 대개로 그 요소의 다소를 가려 놓으면 다음과 같다(표 10).

표 10. 비료의 분석표

비료의 종류	질소 %	인산 %	가리 %
퇴비	0.44	0.26	0.77
구비	0.60	0.26	0.36
인분	1.04	0.26	0.34
소똥	0.39	0.17	0.10
말똥	0.44	0.35	0.35
돼지똥	0.60	0.41	0.20
사람의 오좀	0.43	0.05	0.28
분회	0.59	0.79	1.98
대두	5.34	1.04	1.26
기름껑지	5.05	2.00	1.30
닭의 똥	2.17	0.29	0.13
누에똥	2.17	0.26	–
정어리깡치	9.42	4.17	–
콩지름깡치	7.60	1.20	1.60
초목회(침엽수)	–	2.50	6.00
짚재	–	2.10	4.50
온돌재	0.88	0.29	0.23
석탄재	–	1.50	1.44
볏짚(마른 것)	1.01	0.3	–
잡초(생초)	0.5	0.15	0.46
간장껑지	2.02	0.22	0.88
소주박(바람에 마른 것)	1.30	0.76	–
미강(게)	2.10	3.76	1.40
잠용착박(본두지)	10.00	1.40	–
초목회(활엽수)	–	3.50	10.00
생초	0.58	0.08	0.73
건초	2.49	0.36	3.13
벼과작물 짚(마른것)	2.02	0.36	–
과수낙엽(바람에 마른 것)	1.39	0.76	–
백양 잎(마른 것)	1.44	0.74	–
썩은 말똥	1.70	–	–
해초(海)마른 것	1.63	7.56	–
과인산석회	–	16.00	–
유산암모니아	20.50		–
유산가리			42.68

제초와 작물의 관계

어떠한 농작물을 물론하고 수확을 향상시키는 방법은 그 작물의 성질에 따라서 잘 될 만한 토질을 이용하며 선택한 종자로 파종을 제 시기에 적당한 수량대로 하며, 그 작물에 적합한 비료를 주는 데만 머무르지 않는다.

작물이 생장할 때로부터 결실되는 동안까지에 직접, 간접으로 혹심한 장애를 주는 것은 오직 잡초이다.

어떤 농장에서든지 잡초를 제때에 제거하지 못하면 그 수확은 실패에 돌아가고 말 것이다. 채소작업에 있어 잡초와의 투쟁하는 데 더욱 주의하여야 된다.

우두거우 집단농장 청년학교 실험농장에서 잡초가 작물에 주는 손해와 그의 번식상태를 연구하며 실험한 결과에 의하면 그 실제 명확한 증명을 보게 되는데 그에 열거한 조건들은 다음과 같다.

1. 잡초들은 본래 번식성이 강하여 작물보다 빨리 자라게 되어 작물이 태양열을 받지 못하게 하여 작물은 더욱 연약해지고 활기를 얻지 못하고 중독을 받게 되며;
2. 번식성이 강하고 자라는 속도가 작물에 비하여 빠른 만큼 공기 중의 유리한 양분을 많이 흡수하게 되며, 뿌리가 길고 많게 되므로 더욱 자라는 속도가 강하여 작물이 자라나는 세력을 꺾어버리게 되며;
3. 작물이 자라는데 제일 필요한 대기 중에 수분과 토양 중에 있

는 수분을 잡초들이 전부 흡수하는 까닭에 작물이 더욱 생기를 얻지 못하고 잡초의 세력 아래에 들게 되며;

4. 이 중에도 잡초들은 특별히 작물과 달라서 비, 바람, 한재, 장마에 대하여 하등의 지장을 받지 않고 그 자라는 상태가 별반 차이가 없으므로 이상의 모든 조건들을 잘 견디지 못하는 작물은 더욱 연약하여지고, 중독을 받게 되는 까닭에 장차 생활력을 잃어버리고 죽어 없어지기에 결국에는 잡초들만 더 번성하게 된다.

이와 같이 잡초들은 작물이 차지한 토지의 면적을 점령하고 햇빛과 수분을 혼자 흡수하며 양분까지 빼앗게 되므로 작물은 바로 자라지 못하고 결국에는 말라 없어지게 된다.

이제로 부터 이십여 년 전에 이전 『예까쩨리노슬랍』에서 잡초 중에 하나인 귀밀 가라지로 말미암아 농작물에 손해를 당한 것이 약 20천만 루블(러시아 화폐단위) 어치가 되었다는 것을 다 아는 바이다. 잡초가 성한 밭에서 여간한 수확을 얻는다 하여도 작물의 품질이 좋지 못하게 되는 것은 더 말할 것도 없다.

그리고 보통 논 작물 같은 것은 추수할 때에 만약 잡초들이 섞인 곡식 단을 묶게 되면 곡식 짚이 썩어버리는 폐단도 있으며, 더구나 비를 맞게 되는 때에는 곡식까지 썩어버리며, 탈곡한 후에도 풀씨로 인하여 알곡의 질이 낮아지며, 쓰지 못할 분량이 많게 되기에 운반에까지 공연한 노력을 허비하게 된다.

특히 채소에 대하여서는 논 작물 이상의 손실을 받는데 그 중 당근, 수박, 물외, 참외, 토마토, 감자 등은 잡초로 인해 더 많은 손실을 당하게 된다. 잡초들이 농작에 대하여 그 수확에 어떠한 손해를 준다는 것은 다음의 비교표에서 참작할 것이다(표 11).

표 11. 실험농장에서 잡초가 없는 데와 잡초가 많은 것을 제초한 밭의 수확량에 대한 비교표

잡초가 없는 것	10평방메타 수량		잡초가 있는 것, 김을 한 번 맨 것	10평방메타 수량	
	kg	g		kg	g
양배추	67	–	양배추	24	200
당근	28	–	당근	17	–
비트	54	500	비트	32	–
로바	38	–	로바	30	200
배추	62	400	배추	19	130
순무	72	–	순무	31	–
감자	50	700	감자	38	–
원두	2	700	원두	–	830

잡초가 이와 같은 손해를 주는 데만 국한한 것이 아니라 잡초들 씨가 해마다 땅에 떨어져 몇 해만 계속된다면 그 밭은 전부 잡초 밭이 되고 만다.

잡초들의 씨는 작물의 씨와 달라서 싹 나는 힘이 아주 굳세므로 습하고, 냉하거나, 춥고, 더운 것을 가리지 않고 생장한다. 어떤 잡초 씨는 사십년까지 생활력을 유지하며, 보통 것도 5－12년까지는 계속적으로 생장한다. 흙 가운데 깊이 묻혀 있어도 발아작용을 잃어버리지 않고 수분, 공기, 햇빛, 기타의 모든 조건들이 적당할 때에는 다시 싹이 나서 작물에 손실을 주게 된다.

이와 같은 잡초들도 그 특성이 있어 아무 밭에든지 발생되는

것이 아니다. 밭에 나는 풀이 논에는 자라지 않으며, 채소밭에 많이 나는 풀이 다른 작물을 심은 밭에 적게 난다. 그러나 보통 원동에서 제일 많이 발생하는 잡초들은 대개 명아주(능쟁이. 학항초(鶴項草)의 북한말), 바랭이(배랭이), 엉겅퀴(되꼬리), 달루갱이, 졸뱅이, 피(돌피)들이다. 이와 같은 잡초들이 채소의 수확을 감소시킨다.

잡초들을 없애는데 어떻게 할까?

잡초를 없애는 방법은 우선 밭갈이를 잘 하고, 못하는데 있는데 추수를 제때에 다한 후에 가을갈이를 실시하여 잡초들의 씨가 묻혀서 이른 봄에 속히 나지 못하게 하고 채소를 심을 밭에는 이른 봄에 밭갈이하되 깊이 가는 법을 이용하여 제 시기에 파종하게 되면 작물이 먼저 자라서 잡초들을 억압해 버리므로 할 수 없이 잡초는 번성치 못하게 된다.

그리고는 해마다 돌려짓기를 실시해야 되는데 양배추나 배추를 심었던 밭에 무 등속의 근채류 작물을 심게 되면 거기에 나는 잡초들은 자연히 압도되이 많은 효과를 얻는다. 수박, 참외, 물외, 호박과 같은 작물을 심은 밭은 김매기가 매우 쉬울 뿐만 아니라 잡초들이 많이 무성하지 못하므로 잡초들의 씨까지 없어지게 된다. 그 이듬해에 다른 작물을 바꾸어 심게 되면 자연히 잡초는 없어지게 되면서 작물에 대한 수확은 많이 얻게 된다.

그뿐만 아니라 잡초들의 씨는 가축들의 똥에도 많이 섞이어 있다가 다시 발생되는 일도 있으니 특별히 비료를 실시할 때에 잘 썩혀 가지고 밭으로 내어가도록 하여야 된다. 만약 잘 썩지 아니한 외양간두엄 같은데 섞여 있는 풀씨가 밭으로 나간다면 그 밭에는 반드시 잡초들이 무성하여 김매는데 많은 노력이 들게 되고 작물에까지 손해를 주게 될 것이니 이에 대하여 특별히 주의할 것이다.

그리고 특별히 후치질(깊이 갈지 않고 표토의 풀만 가는 작업)을 잘 하여야 할 것이니 작물이 자라는 동안에 후치질을 하게 되면 잡초들을 없앨 수 있을 뿐만 아니라 잡초들이 흙에 묻혀 자연히 비료가 되며, 토양을 부드럽게 만들게 되어 작물의 뿌리가 잘 자라게 된다.

잡초를 직접적으로 없애 버리면서 작물의 번성을 보호하게 되는 것은 무엇보다도 시기에 따라서 김을 매는 데 있다. 김은 작물의 씨를 고르게 솎아 주며, 토양을 부드럽게 하며, 속에 있는 흙이 태양열을 받아서 태워지게 하므로 토지가 축축한 기운이 없이 보송보송하여지며, 공기의 유통과 수분의 보충을 가장 잘 되게 한다.

특히 채소밭 김은 채소가 자라는 시기를 보아서 세벌까지는 꼭 매어야 할 것이다. 각 채소원에서는 이와 같이 수확고를 향상시키는 데에 큰 역할을 가진 김매기와 파종에 대한 일에 최선을 다해야 한다.

잡초와 투쟁하는 것이 당년 수확량을 도모하는 데만 그치는 것이 아니라 내년도 수확량을 높이는 데도 영향을 주는 것이며, 따라서 다음해의 어려운 노력을 미리 절약시키는 데도 큰 의의를 가진다.

실험적 비교표에 의하여 보면 채소작물과 벼과작물 어떠한 종류를 물론하고 반드시 김을 매어야 될 것은 위에 언급한대로 김을 매되 3회 이상을 매도록 계획을 작성하고 실행하여야 된다(표 12; 표 13; 표 14).

표 12. 김매기에 따른 양배추 생산량 비교표

파종기일	토질	비료	밀도 (포기수)	제초의 회수	1평방m의 수량	
					kg	g
5월 17일	사질토	분회	3	–	–	–
5월 17일	사질토	분회	3	1	4	300
5월 17일	사질토	분회	3	2	5	200
5월 17일	사질토	분회	3	3	7	–
5월 17일	사질토	분회	3	4	8	400

표 13. 김매기에 따른 당근, 순무, 비트, 사탕무우 생산량 비교표

당근			순무			비트			사탕무우		
제초의 회수	1평방메타 수량		제초의 회수	1평방메타 수량		제초의 회수	1평방메타 수량		제초의 회수	1평방메타 수량	
	kg	g		kg	g		kg	g		kg	g
1	2	–	1	3	–	1	2	200	1	1	700
2	2	–	2	4	300	2	5	300	2	2	–
3	2	300	3	8	600	3	5	450	3	5	700
4	3	150	4	9	140	4	7	–	4	9	200

표 14. 김매기에 따른 감자, 배추, 옥수수, 콩 생산량 비교표

감자			배추			옥수수			콩		
제초의 회수	1평방메타 수량		제초의 회수	1평방메타 수량		제초의 회수	1평방메타 수량		제초의 회수	1평방메타 수량	
	kg	g		kg	g		kg	g		kg	g
1	2	950	1	2	130	1	1	100	1	–	25
2	3	500	2	2	500	2	1	300	2	–	30
3	5	780	3	4	900	3	1	44	3	–	70
4	5	700	4	6	–	4	2	200	4	–	75

어떠한 채소의 종류든지 김을 세 벌만 잘 매어도 자라는데 하등의 지장을 받지 않고 성숙된다. 나중에 수확량을 보면 같은 조건(토지, 기후, 파종시일, 면적, 기타)에서도 김을 세 벌이나 네 벌 맨 것이 한 벌이나 두 벌 맨 것보다 대단한 차이가 있다. 그러므로 파종으로 부터 비료를 주는 데도 물론 수확량에 큰 관계가 있지만 김 즉 잡초와 투쟁하는 것이 더구나 큰 의의를 가지게 된다.

그림 18. 김을 매는 광경

채소의 병해에 대하여

농작물의 수확고를 높이려면 농작물의 병해에 대하여 예방하는 법과 또는 치료하는 방법을 잘 아는 의사가 되어야 할 것이다.

원동에 있어서도 농작물에 제일 중요한 자리를 차지한 밀(채밀), 귀리(귀밀), 보리와 기타 기장(기장이), 옥수수에 대하여 감복균(잠복균)이라는 병으로 인하여 당한 손해가 150,000쩬뜨네르(Центнер. 러시아의 무게단위로 1쩬뜨네르는 100kg임) 이상에 이르는 때가 있었다.

『딸리쓰따즈라』에서는 1925년에 밀의 30－40%가 감복균으로 인하여 큰 손해를 당하게 되었다. 그러므로 작물의 병에 대한 연구와 구제법을 잘 이용하여 투쟁하여야 될 것이다.

더군다나 채소작물에 대하여는 벼과작물보다 병해가 더 심하며 구제 예방하기도 다소간 복잡한 만큼 여러 가지 병으로 인하여 채소재배에 손실을 당하게 되는 일이 많다. 그러므로 채소농장에서는 먼저 채소에 생기는 병의 종류와 그 발생되는 원인과 그 병리에 대한 것을 잘 연구하며 예방법을 알아야 될 것이다.

채소의 씨앗과 병해

채소재배에서는 먼저 씨앗을 정밀히 받아서 잘 저장하여 두어야 한다. 어떠한 농촌에서는 채소의 씨앗을 잘못 취급함으로써 파종은 하였으나 수확에 실패를 당하게 되는 경우가 많이 있는데 이것은 씨앗을 습기가 많고 온도가 일정치 못한 창고에 두어서 싹이 나지 아니하며 간혹 나오는 것이 있다고 하여도 병에 걸리어 잘 자라지 못한 까닭이다.

채소의 씨앗은 잘 말려야 실수 없이 싹이 잘 나며 병에 걸리지 않고 잘 자라게 되는데 항상 씨앗을 일정한 온도의 급변이 없는 곳에 두어야 된다. 채소의 씨앗에도 보통 벼과작물과 같이 감복균이 있어서 장차 결실될 시기에 전염이 확산되어 채소원에 막대한 손실을 주게 되는데 보통작물의 수박, 참외, 무 등속의 씨앗을 심울 때에는 소독을 하여서 심어야 한다.

1. 채소의 씨앗을 포르말린으로 씻는 법이 있으니 포르말린은 본래 빛이 없는 액체로 자극성의 냄새가 난다. 이것으로 소독을 하려면 종자를 씻을 때에 물을 300배 타서 쓰는데(포르말린 0.6리터에 물을 180리터를 탄다) 먼저 씻을 채소의 씨앗을 헝겊 보에 5－15cm 가량 두께가 되게 펴놓고 잘 저으면서 포르말린을 뿌리어 전부 습기가 돌게 한 후에 2시간 동안 보자기(포작이) 같은 것을 덮어두었다가 2－3일 내에 심으면 별로 지장이 없다.

   그런데 특별히 주의할 것은 포르말린의 용액을 너무 많이 뿌리거나 또 소독한 것을 태양에 비추어 말리면 싹이 나지 않을 위험도 있으며 소독의 효과도 없게 된다.

모종에 생기는 병해

양배추의 모종이 온상 안에서 자랄 때에 발생하는 병이 있다. 이것은 양배추 모종이 온상 안에서 2-3개의 잎사귀가 될 때에 생기는 입고병(서서 마르는 병)이다. 이 병이 발생되는 원인과 투쟁에 대하여서는 상술한 『모종을 어떻게 키울까』라는 제목에서도 참고하려니와 이 병이 방생되는 원인은 온상에 항상 습기가 돌고 태양이 적당한 도수로 비추지 못하며, 공기유통이 적은 곳에서부터 발생되는 것이다.

이러한 이유로 온상의 위치는 축축한 기운이 없이 보송보송한 곳을 택하며 햇빛과 공기유통을 잘 하게 하는 것이 중요하며, 이 병이 발생될 증조가 보일 때에는 약간의 목탄(숱가루)을 뿌리고 석회보르도액(석회폴트액)을 분수기(약물을 뿌리는 기구)로 뿌린 뒤에 바람을 쏘이도록 할 것이다.

그리고 채소농장에서 경험한 바도 있겠지만 양배추를 모종하고 보조비료를 2-3회 가량 주어 발육이 완전히 될 때에 발생하는 근후병(근휴병, 根朽病, 뿌리와 겉잎사귀가 썩는 병)이라고 하는 위험한 병이 생기기 쉽다. 이 병은 지면에 닿은 뿌리로 부터 시작하여 나중에는 속뿌리까지 침입되어 뿌리의 외 측면이 썩어나면서 잎사귀도 시들시들해지며, 뿌리 내부는 담갈색(淡褐色, 어린 수박빛)으로 변하고 거기에 구멍이 생기면서 말라 죽는 병이다.

이와 같은 병들을 예방하려면 양배추의 종자를 300배의 물을 혼합한 유산동액에 10-25분간 담갔다가 맑은 물에 씻어서 심는다.

해독을 당한 양배추는 한데 모아서 불에 태워버리고, 해독을 받은 땅에는 피(피낫)나 혹은 콩 등을 심는 윤작법을 실시하는 것이 가장 필요하다. 만약 이와 같은 해독을 받은 땅에 또 다시 채소를 심으면 병균이 더 왕성하여 반소작도 얻지 못하는 피해가 있으니 반드시 작물을 바꾸어 심는 것이 원칙이다.

그리고 직접 이 병을 구제하는 방법으로는 석회액(횟가루로 만드는 액체)을 사용하는 것이 제일 효력이 있는바 실험에 의하면 이 병이 발생되기 시작할 때나 혹은 발생된 지 너무 오래지 않은 시기에 구제방법을 이용하면 큰 효력을 보게 되며 전염성까지 근절된다. 이 석회액을 제조하는 방식과 사용에 대한 것은 실지적 경험에서 제일 성적이 낮은 것으로 아래의 표에 말한다(표 15).

표 15. 석회액을 제조하는 법

처방	다량식	등량식	반량식	소량식	비고
유산동	450g	450g	450g	450g	
생석회	900-2200g	450g	225g	90g	
물(水)	36-108L	39-72L	36-72L	72L	

비고: 이상의 『다량식』이란 말은 생석회를 더 많이 넣는다는 말이며, 『동량식』이란 것은 생석회와 유산동을 같이 넣는다는 말이며, 『반량식』은 석회를 절반만 넣는다는 말이며, 『소량식』이란 것은 석회를 적게 넣는 식이라는 말이다.

이상의 처방에 의하여 제약하려면 먼저 큰 물통 2개가 있어야 한다. 한 통(퉁자)에는 유산동(硫酸銅) 450g을 두고 따뜻한 물 5리터에 용해시킨 뒤에 거기에 냉수(冷水) 37리터 가량을 부어둔다. 그리고 또 다른 통에는 생석회를 넣고 따뜻한 물을 0.5리터를 조금씩 천천히 떨구어 놓고 잘 저은 후에 냉수를 더하여 5리터 가량 되게 하여 먼저 넣어 놓았던 『유산동』 통에 넣어 섞어서 잘 저으면 풀기가 생기면서 푸른빛이 난다. 그 다음에는 이 액체를 분무기(噴霧器)에 넣어서 병해에 걸린 양배추에 뿜어놓으면 된다.

제약할 때에 주의할 조건

1. 유산동을 용해할 때에 쇠기구에는 절대로 풀지 말고 나무그릇이나 질그릇(지그릇), 사기 등만 사용하며,
2. 유산동과 석회액을 섞은 뒤에는 물을 더 넣지 말고 그것을 섞을 때에 두 종류의 온도를 꼭 같게 할 것이며.
3. 제조한 뒤에 액체가 좋고 나쁜 것을 알아보려면 적색시험지(赤色試驗紙)를 액체 속에 넣어보아서 그 붉은 종이가 푸른빛으로 변하면 잘 되지 못한 것이며, 만일에 쇳조각(쇠쪽악)을 집어넣어서 그 쇳조각에 구리 빛이 묻어 오르면 석회유를 더 넣을 것이다. 그 다음에 이 액체를 사용하는데 많은 주의가 있어야 된다.

액체를 사용하는 법

과수류에 사용하는 데는 별반 관계가 없지만 양배추의 근후병(근휴병, 뿌리가 썩는 병)을 예방하려면 액체를 특별히 바람이 불지 않는 아침과 저녁때에 뿌려야 하며 분무기도 다른 것보다 더욱 가늘게 뿜는 것을 택하여 사용하여야 한다.

만일 태양열이 강한(오전 11시 - 오후 4시 경) 때에 뿌리면 양배추(잎을 가진 채소 등은 다 그렇다)에 다소간 해를 주게 되며 약의 효력도 오랫동안 계속 되지 못한다.

양배추의 병에 대하여서는 이상에 말한 입고병, 근후병 외에도 위험한 병들이 한두 가지가 아닌데 양배추가 다 자라서 통이 앉게

되고 또는 다 성숙되어서 수확하기까지 근후병보다도 더 위험한 균핵병(균해병, 菌核病, 양배추 통 속이나 또는 꼭대기로 부터 썩어 들어가는 병)이 흔히 생기는 것이다.

이 병균은 양배추 통의 겉잎사귀에 눌어 얼룩얼룩한 못이 박히면서 속잎으로 점점 썩어 들어가며 나중에는 냄새까지 나게 된다. 이 병이 발생되어 3-4일만 되면 절반이나 잃게 되며 만성(慢性)이면 10-12일간에 썩어버리고 만다.

그뿐만 아니라 전염성이 강하여 수확에 큰 손실을 가지어 오게 되며, 먼 거리에 운반할 때에도 많은 손실을 당하게 되며, 더구나 겨울에 저장하여 두기는 절대로 좋지 못하며, 채종으로는 이용할 생각도 말아야 한다.

그리고 이 병이 발생되는 원인은 저장하여 두었거나 종자로 남겨둔 양배추(물론 움 속에서)에도 발생하는 것임으로 크게 주의하여야 할 것이다. 이 병이 발생하게 되는 원인은 땅속이 냉습하고 일기가 순조롭지 못하는 데로 말미암아 생기는데 이 병균은 특히 연작을 하는데서 잘 유인하여 온다.

균핵병의 예방

이 병을 방지하려면 위에서 설명한 석회액에다가 아비산(亞砒酸) 40g을 더하여 잘 섞은 후에 쓴다. 이 약을 사용하는 방법도 역시 위에 지적한 방법과 같이 할 것이다.

이밖에도 양배추에 생기는 병이 여러 가지가 있어서 누런 얼룩점이 생기는 병, 흰 얼룩점이 박히는 병들이 있다. 그러나 원동은 기후가 차며, 땅이 축축한 기운이 없이 보송보송하고 다소간 냉한 까닭에 이와 같은 병은 잘 발생되지 않는다.

감자에는 어떠한 병들이 있는가

원동에서 많이 산출하는 감자에도 역시 여러 종류의 병들이 있다. 20여 년 전에 남쪽 유럽지방에서는 감자에 제일 무서운 역병(疫病)으로 말미암아 기근에까지 빠진 일이 있었으며, 원동에도 감자의 역병과 부패병(腐敗病)으로 인하여 매년 많은 손해를 보게 되었다.

더구나 감자 종자를 잘못 저장하여 파종에 지장을 받는 일이 종종 있게 된다. 따라서 감자의 여러 가지 병의 발생 원인과 그를 예방 및 구제하는 법을 잘 알아야 감자의 수확을 높일 것이다.

감자의 역병이라고 하는 것은 어떠한 병인가

감자에 제일 많은 손실을 주며, 가장 위험이 있는 병은 역병(잎사귀가 마르며, 줄기의 밑이 썩어버리는 병)이다. 보통 이 병은 감자를 심은 지 두 달 이상이 되어서 뿌리에 감자가 맺기 시작할 때부터 생기는 병인데 경험에 의하면 대개로 7월 하순 경 부터 발생하기 시작한다.

처음에는 감자 잎사귀에 아주 불규칙적으로(되는대로) 누런빛이 나는 적은 형상의 얼룩얼룩한 점이 생기어 5－6일이 지나면 점점 더 확장되어 아주 누런빛으로 변하면서 표면에는 흰점이 생기고,

송곳으로 뚫은 것처럼 구멍들이 나게 된다.

이와 같이 되어서 감자는 생기를 얻지 못하고 시들시들하게 마를 때에 비가 오게 되면, 줄기와 잎은 썩어버리고 햇빛이 심하게 비치면 쭈굴쭈굴하게 말리면서 잎사귀는 다 부스러지고 마는 것이다.

만일 이 병이 심하게 되면 물을 끓이어 부은 것처럼 시들어버리며, 감자의 줄기는 차차 말라드는데, 특히 땅에 파묻혀 있는 기간에는 검은 빛으로 변하여 싹이 나며, 감자의 빛은 암색(暗色, 검고 푸른 빛)이 되면서 썩어난다.

이 병이 발생하게 된 원인은 감자가 나서 자랄 때 장마가 지거나 혹은 기후가 너무 습한 중에 토질이 냉하게 되면 반드시 이 병이 발생하며, 또는 8월 하순 부터 9월 상순경에 날이 갑자기 차지며 흐리게 되면 더욱 많이 생기게 된다.

따라서 특별히 주의하여야 될 것은 감자를 심을 때에 항상 습기가 있거나, 냉기가 많은 밭에 심지 말며, 파종을 늦게 하지 말아야 한다. 그리고 비료를 주는 일에도 특히 주의하여야 되는데 외양간 두엄을 너무 많이 주게 되면 반드시 이 병이 생기게 되는데 무엇보다도 『감자의 역병』을 예방하는 방책은 아래에 지적한 조건들을 잘 이용함에 있다.

그림 19. 병든 감자 종자

1. 감자의 종자로 부터 병균이 많이 전염되기에 특별히 주의하여 건전하고도 충실한 종자를 가려 30℃－35℃되는 태양열에 4시간 동안 가량 말려 병균을 소독하도록 할 것이다.
2. 습기가 많고 냉하고 배수(排水)가 좋지 못한 토질을 피하여 심으며, 질소가 많은 비료를 주지 말고 김 맬 때에 북을 많이 돋아 주며(꽃이 필 때에) 추수할 때에는 반드시 습한 날을 피하여 캐도록 한다.
3. 감자 종자를 저장할 때에는 잘 말리고 좋은 것을 가려 습기가 적은 움에 넣으며 넣을 때에 감자 종자 35kg에 생석회 1kg을 고르게 뿌리어 소독시킨다.
4. 연작을 피하고, 반드시 윤작 방식을 이용하며, 병해가 발생하여 전염이 심한 밭에는 이상에 지적한 석회액을 뿌리도록 할 것이다. 역병에 걸리었던 줄기와 잎사귀는 불에 태워버리고 그 감자는 즉시 파서 잘 삶아가지고 돼지의 먹이로 이용할 것이다.
5. 특별히 감자가 썩어버리는 병에 대하여서도 윤작법을 이용하며 이 병이 발생되었던 밭에는 될 수 있는 대로 가을갈이할 때에 과인산석회를 뿌리고 가을갈이를 하는 것이 필요하다.
6. 또는 감자 종자를 눈뜨기 전에 1%의 포르말린 액으로 2시간 가량 소독시키거나 물 12L에 생석회 1kg을 섞어서 잘 저은 후에 10분간 담아 두었다가 심을 것이며, 세 가지 요소가 적당히 배합된 비료를 실시하며, 척박한 토지에는 심지 말도록 할 것이다.

실험에 의하면 습지에 심은 것, 늦게 심은 것, 종자를 가리지 않고 심은 것이 병에 잘 걸리며, 감자 중량까지도 적은 것이니 감자를 심는 농장에서는 모든 방식을 잘 이용하며 감자가 병에 걸리지 않고 수확이 많이 나도록 힘써야 할 것이다(표 16).

표 16. 실험에서 얻은 비교표

구분	심은 포기 수 10평방미터	병들어 죽은 것	감자수	수량	
				kg	g
습지에 심은 것	40	18	160	10	200
습하지도 않고 메마르지도 않고 적당한 데 심은 것	40	3	321	18	700
일찍 심은 것(5월 7일에)	40	6	340	16	920
늦게 심은 것(6월 7일에)	40	9	219	11	30
종자를 가려 눈을 떠서 햇빛을 보이고서 재를 썩은 것	40	2	318	17	500
마구 가려 햇빛을 안 보이고 심은 것	40	12	304	12	100
눈을 아니 뜨고 심은 것	40	4	412	14	70
눈을 띄어서 심은 것	40	–	286	15	200

무우, 순무, 비트, 당근에 대한 병과의 투쟁

채소농장에서는 양배추, 감자, 등에 대한 병은 위험스럽게 생각하면서도 무 등속에 걸리는 병들은 예사로 보는 일이 많다. 그리하여 예방 및 구제법에 대하여 연구가 적으며, 주의를 덜 하는 가운데서 많은 손실을 당하게 되는 일이 종종 있다.

근채류의 각종 작물에 있어서도 여러 가지 위험한 병들이 있나니 무, 당근 등은 속으로부터 검은 빛으로 변하며 썩는 것과 잎사귀들에 이상한 누른 점, 흰 점이 생기어 시들어 죽는 병이 있으며, 비트, 순무, 사탕무우 등은 뿌리가 겉으로부터 썩어 속에까지 들어가며, 괴이한 냄새가 나는 병과 또는 속살이 솜 모양으로 되면서 구멍이 생기는 병들이 있다. 이로 인하여 큰 손해를 보는 일이 해마다 있는 것이다.

무, 순무, 당근 등이 썩는 병에 걸리게 되면 그 줄기와 잎사귀는 점차 누런빛으로 변하면서 말라 죽는 것도 있고 또는 갑자기 색이 변하면서 죽는데 이때에 그 잎사귀를 자세히 보면 검은 빛이 나는 줄들이 있다. 동시에 그 뿌리를 뽑아서 칼로 잘라보면 무의 속에 중심 되는 부분으로부터 점점 커지어서 둥그렇게 된 검은 윤곽이 있으며, 심한 것은 아주 구멍까지 생기게 되는 것을 볼 수 있다.

그리고 특히 비트, 당근 등은 뿌리의 끝으로부터 토들토들하게 혹이 돋으며, 줄기와 잎사귀도 더 자라지 못하며 어떠한 것은 겉껍질이 이리 저리 터지며, 혹은 머리 부분이 터지면서 속이 전체 비게 되는 것과 혹은 뿌리가 자연히 누런빛으로 변하면서 썩는 냄새가 나게 된다.

토마토(일년감, 보민도리)도 검은 빛과 흰 빛으로 된 얼룩얼룩한 점이 생기어서 나중에는 전체 썩어버리는 일이 있다. 대개 이 병이 발생하는 시기는 9월 상순이다. 그리고 다 캐어 움 속에 넣어둔 때에도 전염이 되어 썩는 일들이 많으며, 더욱이 이른 봄에 채종을 심어놓은 뒤에도 발생된다. 이로 인하여 손해를 당하게 되는 것이 20% 이상이 된다.

보통 이와 같은 병들이 많이 나게 되는 원인은 한두 가지가 아니다. 원래 어떠한 작물이던지 자라는 모든 조건이 적당치 않은 관계로 중독을 받아 잘 자라지 못하는 데서 생기게 되는 것이다. 실지 경험에 의하면 습기가 많고 토양에 공기유통이 부족한데서 많이 생기게 된다.

그림 20. 1) 썩은 병에 걸린 로배. 2) 병든 것을 버리어 놓은 것.
3) 병든 당근. 4) 병든 무.

1932년 우두거우 집단농장 청년학교 실험농장에서 이에 대한 자료를 수집하여 검토한 결과를 보면 토양의 관계가 제일 크다는 것을 내세웠으니 그 실례는 땅이 항상 습하고 냉하며 더구나 점질이 많이 섞이어 비가 오게 되면 땅 위에 오랫동안 가둬지는 토양에 심은 무와 순무는 십분지 사나 거의 머리가 터지고 속이 비게 된다.

그리고 종자에도 관계가 있는바 온도가 일정치 못하고 습기가 많은 곳에 두었던 종자를 늦게 심고 김을 잘 매지 않는 데서 잡초로부터 병균의 전염을 받게 되는 일도 많다.

그러므로 이상의 병해들을 받지 않기 위하여서는 무엇보다도 예방법을 이용하는 것이 중대한 과업이다. 각 채소원에서는 아래에 지적하는 몇 가지 조건들을 꼭 실행하므로 써 이와 같은 병에 침해를 받지 않도록 할 것이다.

예방과 구제책에 대한 경험

위에 지적한 여러 가지 병들을 예방하려면 다음과 같은 조건들을 실행하여야 된다.

1. 질소질이 많은 비료(썩은 황두엄, 온돌회)를 너무 많이 실시하지 말며, 또는 비분이 없는 척박한 땅에 근채류 등을 심지 말아야 된다. 그러므로 근채류 등을 심을 때에는 반드시 외양간 두엄(황두엄)과 초목회 등의 비료를 잘 썩혀서 주고 심으며, 또는 사질이 적당히 섞인 토양으로서 공기가 잘 드나들며, 한재가 쉽게 들지도 않고, 또는 배수가 잘 되는 곳을 택하여 심어야 한다. 그러므로 이에 대하여 근채류에 제일 적당한 비료와 토질을 택하는 데는 무엇보다도 실질적 재료를 이용하되 파종하는 시기의 날짜는 그 지방의 기후와 풍토에 따라서 정하는 것이 가장 필요하다.
2. 그러므로 특별히 근채류 등을 심을 때에는 먼저 그 종자를 소독하여 심는 것이 필요하니 목회(木灰 – 나무 탄 재)를 종자의 7배가량을 섞어서 15분간 두었다가 체에 치거나 그렇지 않으면 그냥 심어도 무방하다.
3. 특별히 당근이나 비트의 종자를 뿌릴 때에 배게 뿌리지 말 것이니 만일 씨가 배게 된 경우에는 두벌김을 맬 때에 잘 솎아주어 간격이 고르게 하여야 된다.
4. 비료는 초목회와 기타 인산이 많이 포함된 비료를 실시하며,

연작을 할 때에는 석회석으로서 모든 농구를 소독할 것이다. 그래도 이 병에 걸린 것이 있으면 뽑아서 땅에 깊이 묻어버리고 뽑은 자리에는 석회유로 소독하여야 된다.

5. 병을 예방하는 데는 두벌김을 매어 놓고 이어서 석회액을 뿌리는 것이 가장 필요한 방법이니 이 석회액을 제조하며, 사용하는 방법은 상술한 『양배추의 병해예방법』이라는 제목 하에 기입된 조건들을 참조할 것이다.

아래의 비교표는 직접 우두거우 집단농장 청년학교에서 1932년도 실험한 것인데 감자는 사질양토에 구비를 주며 비트와 로배 등은 사질양토에 퇴비를 주고 심는 것이 가장 적당하다. 작물들이 자라는 동안에 중독을 받지 않아야 어떤 병해에든지 쉽게 걸리지 아니하는 것이다.

각 집단농장에서는 채소의 병을 예방하기 위하여 그 채소에 적당한 토질과 비료를 이용하며 이상에 지적한 모든 조건들을 경험에 맞추어 기술적 농업으로 전환시키는 것이 중요하다.

표 17. 근채류 재배에 대한 토질과 비료에 대한 성적 실험표

작물	파종의 기일	실시한 비료	제초 회수	간격의 밀도	사질양토 1평방미터 수량		수확의 %	점질양토 1평방미터 수량		수확의 %
					kg	g		kg	g	
감자	5월 11일	염화칼륨(20kg)	3	4포기	5	–	257	3	400	177
	5월 11일	구비(마분)	3	4포기	5	740	295	4	200	216
	5월 11일	퇴비	3	4포기	3	500	171	2	400	120
	5월 11일	주지 않은 것	3	4포기	3	800	196	1	940	100
순무	5월 17일	K2°	3	9포기	6	500	278	4	–	144
	5월 17일	구비	3	9포기	8	800	208	3	250	114
	5월 17일	분회	3	9포기	9	140	321	5	300	180
	5월 17일	–	3	9포기	3	300	115	2	850	100
당근	5월 17일	K2°	3	32포기	2	250	281	–	800	100
	5월 17일	구비	3	32포기	2	800	350	1	900	237
	5월 17일	퇴비	3	32포기	2	300	285	2	100	262
	5월 17일	분회	3	32포기	3	150	395	2	50	26
비트	5월 17일	K2°	3	12포기	3	200	160	1	300	65
	5월 17일	구비	3	12포기	5	300	265	1	900	95
	5월 17일	퇴비	3	12포기	5	900	295	2	–	100
	5월 17일	–	3	12포기	5	450	272	1	800	90
로바	7월 5일	염화칼륨	3	10포기	4	400		2	550	
	7월 5일	구비	3	10포기	6	400		3	510	
	7월 5일	퇴비	3	10포기	6	–		2	250	
	7월 5일	–	3	10포기	2	700		–	920	100%

* 첨질양토: 점질양토, 깔린나야 쏠리: 염화칼륨.

채소의 해충을 구제하라

채소의 해충도 역시 병해와 같은 손실을 가져온다. 채소농장에서는 해충예방 및 구제책을 충분히 연구하며 실행하여야 된다. 여기에 대해서는 무엇보다도 해충의 발생, 번식 등을 연구하면서 투쟁의 방법을 실험과 과학을 연결시키는 데로 방향을 정하여야 된다.

돋벌레의 해독

양배추를 모종한 뒤에 제일 많은 해독을 주는 벌레는 오직 돋벌레(일명은 기심충)이니 길이 6－7cm이 되며 빛은 갈색이다. 이 벌레에는 6월 중순에 땅속에서 번데기(분두지)로부터 나비가 되어 알을 들어 부화되며, 혹은 유충이 토양 중에서 겨울을 지나고 따뜻한 봄철을 되어 점점 소생된다. 그것들은 밭에 나는 풀뿌리에서 수분을 흡수하고 살다가 작물을 심어 싹이 나게 되면 그 싹을 자르고 수분을 빨아먹는다.

그런데 돋벌레는 특히 양배추와 배추에 많은 손실을 주며 당근, 비트, 순무 등에도 역시 해독을 준다. 돋벌레에 대하여 3년 동안 실험한 재료에 의하면 돋벌레는 다른 해충보다 특수한 점이 있으니, 그는 성질이 너무 음흉하고 동작이 가장 민활하여 포착하기가 용이치 못하다. 더군다나 작물의 손해는 더 말할 여지가 없이 크며 그를 구제하는 방법까지도 심히 복잡하다.

그림 21. 돋벌레

돋벌레가 기생하는 조건들은 유충으로부터 나비가 될 때까지 땅속에서 자라며, 습기를 좋아하고 햇빛을 싫어(슬여)한다. 그러므로 땅속(지면으로부터 5－6cm)에 들어가 있으면서 오전 2－3시쯤에 땅을 뚫고 나와서 모종하여 놓은 양배추(통이 앉기 전)의 잎과 혹은 속뿌리를 칼로 베인 듯이 잘라놓고 배추의 수분을 빨아먹는다.

만일 비 오는 날이면 땅속에서 나오지 않고 뿌리의 껍질을 긁어놓고 수분을 빨아먹으며, 항상 볕을 꺼려하는 성질이 있기 때문에 이른 새벽에 땅속으로부터 나와서 온갖 해독을 주다가 날 밝기 전에 다시 땅속에 들어가서 은신한다.

이 해충의 침해를 받은 작물들은 스스로 말라 죽거나, 그렇지 않으면 상처로부터 병균의 침해를 받아 점차로 썩게 된다. 배추가 통이 앉을 때에 큰 영향을 주며 다른 포기에까지 전염을 한다.

돋벌레의 해독을 예방하며 구제하는 방법이 여러 가지의 종류로 나누어 있는데 첫째로 윤작방식을 실시하면 해충이 소멸된다. 그는 해충의 침해가 작물의 종류를 따라 발생됨으로 생존불적(生存不適)의 법칙을 응용하는 까닭이다.

둘째로 가을갈이를 잘 하여야 되는데, 땅속이나 작물그루(긁에) 잠복하여 있던 유충과 그 알들을 갈아 겉으로 드러나게 하면 겨울 추위에 얼어서 다시 살아나지 못한다.

셋째로 봄밭갈이를 제때에 하여 흙덩이 되지 않게 고르게 갈아 놓으면 유충과 그 알들 중에 겉에 나온 놈은 태양열로 사멸되고 깊이 묻힌 놈은 다시 땅속에서 다시 소생하지 못한다. 그리고 밭갈이를 할 때에 밭머리를 잘 갈지 않으면 거기에 있던 유충들이 다시 살아날 수 있으니 주의하여야 한다.

넷째로 봄밭갈이를 시작할 때에 해충에 손해를 당한 밭에는 석회를 고르게 뿌리고 갈아주는 것이 큰 효력을 준다(1ha에 1.5－2톤).

1932년에 우두거우 집단농장 청년학교에서 실험한 바에 의하면 이상에 열거한 방법으로써 돈벌레를 구제하는데 큰 성과를 보였다. 그러나 주의할 것은 석회를 뿌리고 간 밭에 바로 파종하거나, 모종을 하면 안 될 것이다.

돈벌레를 구제하는 약품도 사용할 수 있는데 그것은 석회, 유황혼합제가 사용된다. 1931－32년에 우두거우 집단농장 청년학교에서 실험한 결과에 의하면 다른 약품들(우리가 아는 약품)은 해충을 죽이면 채소에 해를 주고 채소에 해가 없도록 하면 해충이 죽지 않는 일들이 있었다. 나중에(내종에) 석회, 유황혼합제의 방법(표 18)에서 좋은 성과를 보았다.

표 18. 석회, 유황혼합제의 제조방식

처방	생석회(g)	유황(g)	맑은 물(리터)
보통식	375	450	18
농후식	2,250	4,500	18
소다, 유황제	937(소다)	1,870	18
풍화석회	–	–	–
유황제	106	212	18

이상 처방에 대한 약을 제조할 때에 솥은 두 개를 사용하게 되는데 한 솥에는 먼저 유황을 넣고 물을 조금 가하여 유황을 저어놓고 생석회를 넣어 용해시킨 후에 물은 3–4리터를 붓는다. 그것이 40–60분 동안 끓게 되면 처음에는 담황색이 나다가 차차 변하여 적갈(赤褐(赤葛))색이 되고 유황은 다 용해되어 위로 떠 올라온다. 그때에 다른 솥에서 끓은 물 15리터를 한데 혼합하면 약은 다 제조되는 것이다.

약을 사용하는 방법은 오전 2–3시(새벽) 경에 채소의 줄기와 잎에 고르게 뿌리어 그 채소포기의 전체가 다 젖게 한다. 이슬이 많은 때에는 약물에 밀가루로 쓴 풀 0.4–0.5리터 가량을 혼합하여 사용한다.

이 약을 사용하는데 특히 주의할 조건들이 있으니, 채소에 뿌릴 때에 분무기를 사용할 것이며 약을 제조한 후 5–6시간 내외에 사용하고 그 나머지 약은 다시 사용하지 말아야 된다. 이 약을 사용한 곳에 석유유제를 사용하면 채소에 해를 주니, 그는 석유가 따로(딸로) 분해되는 까닭이다. 부득이 사용하여야 될 경우에는 20일 후에 사용할 수 있다.

배추벌레의 해독

돈벌레 외에도 배추와 양배추에 해독을 주는 해충이 있으니, 이것을 고려인 농촌에서 배추벌레라고 지칭한다. 이 벌레는 처음 알에서 부화 될 때에는 유백색(乳白色)이던 것이 자라면서 암녹색(暗綠色)으로 변하며, 길이는 5－6cm가 된다.

이 벌레는 일 년에 세 번 발생하는데 유충이 그대로 채소의 줄기와 잎사귀 또는 잡초에 붙어서 번데기(분더지, 蛹)로 변하여 월동하고 다음해 7월경에 나비로 변화되어 알을 배추와 양배추에 낳는데 그 알의 수효는 보통 90－100개가 된다. 이것이 7－8일 안으로 부화하여 채소의 해충이 된다.

배추나 양배추가 통이 앉기 시작할 때부터 해를 주는데 가장 연한 속잎으로부터 이리저리 갉아먹으며, 유충이 차차 자라면서 배추의 전체 잎을 갉아먹는다. 배추와 양배추에 큰 손해를 주는 것이다. 배추는 더 말할 것 없고 양배추가 다 익은 뒤에라도 어린충의 침해를 받게 되면 쉽게 썩는다.

어린충이 발생되는 징조(증조)는 흰나비가 떼를 지어 2－3일간 날아다니면서 배추 잎에 접근되면 그 후 7－8일 내에 밭 전체는 벌레의 천지가 되는데 이는 나비가 알을 부화해 놓은 까닭이다. 이 벌레들은 채소의 진액을 빨아먹고 기생하는데 날씨가 음침하고 계속하여 부화하면 채소의 손해가 크게 된다.

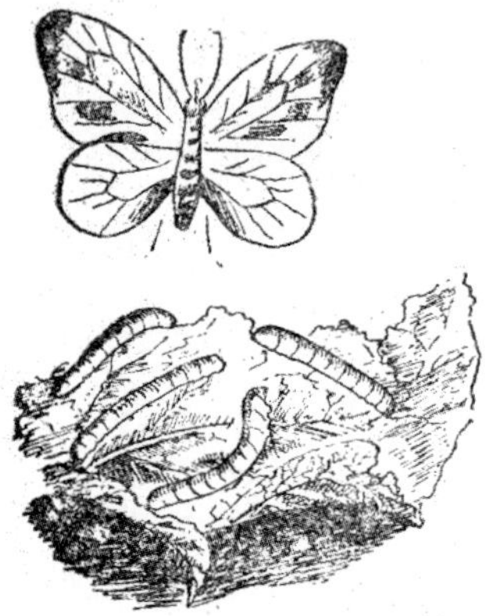

그림 22. 배채벌레, 나비

어린충의 예방, 구제에 대하여 여러 해 동안 연구 실험한 중에서 제일 효과를 얻게 된 것은 배추를 심거나, 양배추를 모종한 뒤에 5-6일을 지나서 예방법을 이용하는 것이 필요하다.

배추를 심을 때에 들깨씨를 20%가량을 섞어서 심으며 양배추를 모종한 뒤에 2-3 포기 사이로 들깨를 심는다. 배추와 들깨가 함께 자라는 동시에 첫 번째 김을 맬 때에는 잡초만 없애어 버리고 두벌 김을 맬 때에는 100cm 간격에 들깨를 1-2 포기씩 남겨두고 그 나머지는 다 뽑아버린다. 양배추 밭에도 역시 몇 포기 건너에 한 대식 두면 배추가 자라는데 아무 지장도 없다.

들깨에서 고약한 냄새가 나서 나비가 날아와서 알을 낳지 못하며, 간혹 벌레가 알을 낳다가도 자연히 소멸되며 또는 장차 들깨의 수확도 적지 않으려니와 김 맬 때에 뽑아버린 들깨들은 후치질을 할 때에 다 묻히어서 토양의 비료가 되므로 작물은 더 잘 자라게 된다.

닥장벌레의 손해

닥장벌레는 봄무와 배추가 자라서 두 잎사귀가 될 때에 많이 번성한다. 보통 고려인 농촌에서 이 벌레를 예방하기 위하여 아침 이슬이 마르기 전에 재(灰)를 뿌리는 일도 있었다. 그러나, 그 벌레가 번성할 때에는 이 방법으로 구제할 수 없다. 여기에도 들깨를 사이에 심게 되면 닥장벌레가 발생되지 못하고 간혹 있는 것도 자연히 소멸된다.

그런데 특히 주의할 것은 무가 뿌리 들고 배추가 잎이 커서 벌레의 해를 받지 않을만한 때에는 들깨들을 모조리 뽑아내야 채소의 손해가 없게 된다.

경험에 의하면 봄무와 배추를 너무 메마른 땅에 심거나, 너무 일찍 또는 늦게 심어도 해충의 침범을 받게 되니 주의하여야 된다.

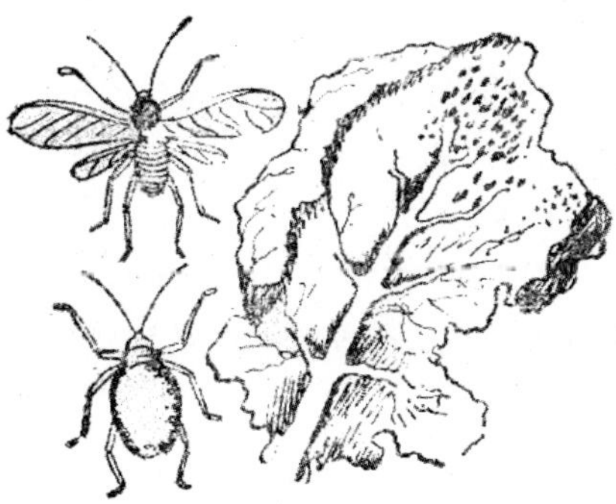

그림 23. 닥장벌레

배추벌레를 구제하는 방법

해충구제에 가장 편리하고 효력 있는 약품을 소개하는데 이 약은 어떤 해충이던지 다 구제하지만 특히 배추벌레를 없애는데 가장 좋은 방법이라고 한다.

그 제약법은 소산연 450g과 비산소다 100g을 물 450리터에 혼합시킨다. 이상 두 종류의 약을 물에 넣으면 화학적 작용에 의하여 흰빛으로 변한다. 만일 450리터의 물이 많다고 인정하고 그 약들을 더 많이 넣게 되면 채소에 해독을 준다.

이 약을 사용하는데 편리한 점은 값이 싸고 제조하는 방식이 복잡하지 않으며, 빛이 희기 때문에 채소에 고루 뿌리기가 적당하며, 해충약 파리록(巴里綠)보다 가벼워 뿌릴 때에 분무기 밑에 갈아 앉지 않으며, 한번 제조하면 오래 두고 쓸 수 있다.

이밖에도 원동 식물보호소에서 권장하는 해충구제약이 있는데, 제조하는 방법은 파리청 16g에 석회 32g과 물 12리터를 혼합한 뒤에 밀가루 한 컵을 섞어서 잘 저어서 분무기에 넣어 사용한다. 이 약도 값이 싸고 효력이 빠르다.

배추에서 고자리에도 주의하라

배추에서 고자리는 배추가 나서 5-6잎이 될 때에 발생되는데, 줄기로부터 차츰 먹어 들어가서 배추는 통이 앉지 못하게 되며 무와 순무에도 역시 생겨 해독을 준다.

이 벌레는 척박한 토지에서와 외양간두엄으로부터 발생하는데 비료에 주의하며, 척박한 토지라도 부득이 채소를 심게 된 경우에는 과인산 석회를 밭갈이 시작하기 전의 6－7일을 앞에 두고 주며, 이밖에도 윤작법을 응용하는 것이 고자리를 없애는데 필요한 조건이다.

고자리를 구제하는 약방은 물 20리터(한 바케스)에 석탄산수 40g, 비누 80g을 섞어가지고 모종판에 한 컵씩 부어주면 고자리가 소멸된다.

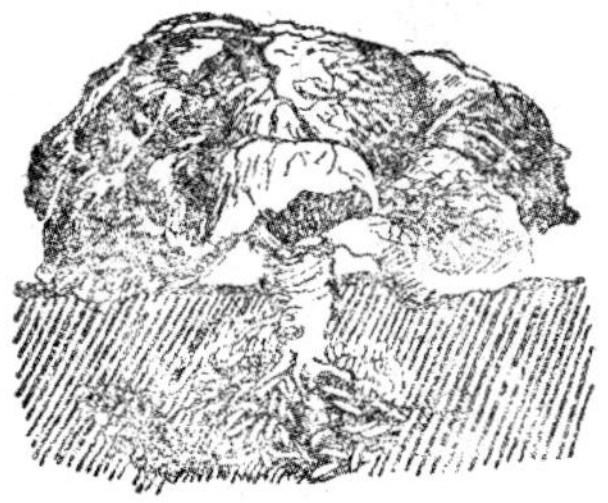

그림 24. 누른 빛 나는 양배추

그림 25. 건강한 양배추

채소의 저장에 대하여

채소 집단농장에서 많은 수확을 얻었더라도 저장에 주의하지 않으면 큰 손실을 당할 것이다. 더욱이 종채가 잘못 저장되면 이듬해 파종에 반드시 장애를 받는다. 이에 한 가지 실례로 본다면, 1932년에 해삼구역 채소 집단농장에서 양배추, 당근 등의 채종을 미처 준비 못한 관계로 파종에 큰 난관을 받고 계획을 제때에 실행하지 못하였으며, 우두거우 『신세계』 조합에서는 씨앗이 잘못되어 50% 이상의 손해를 당하였다. 집단농장들이 직접 키운 채소 중에서 종채를 선택하여 잘 저장하였다면 그와 같은 손해와 곤란을 받지 않았을 것이다.

채소 저장실을 잘 지어놓고 겨울 동안에 얼지 않으며, 썩지 않도록 보관하여야 된다. 이른 바 『금년에 농사를 잘 지었다라고 하는 말은 반드시 작물들을 다 창고에 들이고 하라』던 말로 채소는 추수만으로는 풍작을 과장하기 어렵다. 더군다나 채소는 저장실에서도 손실을 당할 수 있으니 주의하여야 된다.

저장실을 구조하는 방식은 과학적으로 요구되는 조건들이 있는데, 먼저 적당한 위치를 택하여야 된다. 땅이 축축한 기운이 없이 보송보송하고 습기가 잘 범하지 않으며, 비가와도 물이 모여들지 않을만한 높은 땅을 택하여야 된다.

그리고 늦은 가을에 미리 땅굴을 파되 굴의 길이와 넓이는 저장할 채소가 많고 적은데 따라서 정한다. 보통으로는 그 깊이를 1.5 – 2m되게 파며, 넓이는 4 – 5m, 길이는 5 – 6m되게 할 것이다.

양배추와 당근를 밑에 두는 경우에는 저장실 땅바닥에 목재로 장판을 펴고 사면 벽에도 목재로 귀틀을 짜서 벽이 무너지지(문허나리지) 않도록 하며, 그 장판의 한복판에는 공기통을 장판 밑으로부터 높이 공중을 향하여 세우어서 땅 밑으로부터 올라오는 습기를 거두게 하며 그밖에도 역시 공기통을 좌·우쪽 두 곳에 세워 움안의 습기를 거두게 하여야 된다(그림 26).

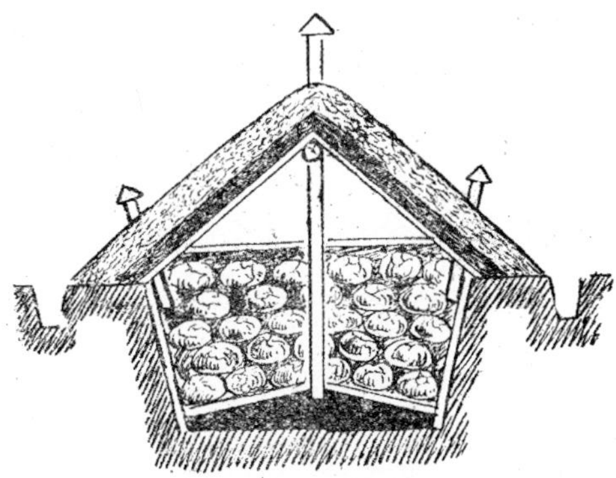

그림 26. 저장실의 구조

출입구를 내는 방법도 역시 저장실이 크고 적은데 따라서 다르게 하는데, 만약 저장실이 적으면 천반의 한쪽 벽에 반드시 걱문을 하여야 된다. 특별히 천반에는 마른 짚과 새를 펴고 흙을 두텁게 덮어서 외온(外溫)의 영향을 받지 않도록 하며, 밖에 습기가 저장실 안으로 들어오지 않도록 하여야 된다.

경험에 의하면 밖으로 새어 들어오는 습기를 막는 방법은 흙을 많이 덮는 데만 있는 것이 아니라 저장실 주위의 네 모서리에 도랑을 파는 것이 더 좋은 방식이다. 도랑의 넓이를 50 – 70cm, 깊이를

50－60cm 되게 파내는 것이 가장 적당하다. 이렇게 만들면 겨울에 찬바람이 들지 않고 습기가 침범하지 못하므로 저장하여둔 채소는 상하지 않으며 종채에도 별반 침해가 없다.

그러나, 저장실이 잘된 것만으로도 종채를 저장하여 두는데 안심할 수 없는 것이니, 무엇보다도 종채로 쓸 양배추, 당근, 비트 등을 잘 보관하여 손실이 없도록 예방책을 연구하며, 기술적으로 저장하는 방식을 이용하여야 될 것이다.

종채를 거두는 일과 그에 대한 주의

보통 식용(食用)으로 저장하는 채소에 대하여서도 겨울동안에 썩지 않도록 주의하여야 되겠지만 특히 채종을 받기 위하여 저장하는 종채에 대하여는 특별히 취급하여야 된다. 그러므로 종채로 저장할 양배추는 추수할 때부터 주의하여야 되는데 건전하고 해충의 침해를 받지 않았으며 뿌리가 굽지 않고 상하지 않은 것이라야 한다.

이것을 뿌리째로 잘 간수하여 상처 없게 하고 그 뿌리에 붙은 흙을 털어가지고 2－3일간 볕에 건기를 들인다.

당근, 비트 등의 근채류 작물도 역시 싹이 나는 부분에 상처가 없고 썩을만한 기운이 없는 것을 가려서 햇빛에 말리되 특별히 근채류는 잎사귀가 붙은 곳으로부터 3－4cm 가량씩 남겨놓고 잘라 버려야 된다. 만일에 식용으로 저장하는 근채류와 같이 밑까지 바짝 잘라버리면 저장 중에 썩을 위험도 있으며 이른 봄에 밭에 내어 옮겨도 싹이 잘 나오지 못하며, 간혹 나오는 것이 있더라도 심히 연약하여 바람에 넘어질 위험과 씨앗을 많이 따지 못하게 되는 피해가 있게 된다.

배추를 종채로 저장할 때에는 제일 건전한 것을 택하여 뿌리에 흙을 다 털어버리고 잎사귀 붙은 데로부터 6-7cm만 남겨두고 잘라버린 뒤에 역시 뿌리와 줄기가 상하지 않도록 햇빛에 3-4일간 말리는 것이 경험상 제일 안전한 방법이다. 이와 같이 해가지고 저장실에 넣을 때의 보통 기온은 약 3-6℃ 될 때가 가장 적당하다(10월 15-25일 경). 저장실에 넣을 때에도 역시 움 속에서 썩는 손실를 예방하기 위하여 준비작업이 있어야 하는데 양배추와 기타 종채를 소독하여 넣어야 썩는 일이 없을 것이다.

양배추보다 당근와 비트, 사탕무우 등은 조금만 잘못 취급해도 바로 썩기 시작하며 전염이 급속히 되어 저장한 종채 전부를 썩히는 일이 많다. 보통 썩게 되는 이유는 종채를 잘못 취급하여 얼린다든지, 움 속에 습기가 많다든지, 온도가 일정치 못한 가운데 있으며, 저장할 때 소독하지 않아 미균이 점차 증식되어 썩는 일도 흔하다.

종채를 소독하는 방법

어떠한 채소든지 썩게 되는 것은 미균의 작용에 관계되므로 살균제를 사용하여 균을 없애는 것이 채소를 썩지 않게 하는 것이다. 그런데 이 살균제를 사용할 때에는 여러 가지 조건들을 확인하여 사용하여야 되는데;

첫째로 채소에도 조금도 해를 주지 않고 박테리아(기생물, 박테리아)만 죽이는 것을 사용하여야 하고, 둘째로 가격이 싸고(눅고) 구하기 쉬우며(쉽으며) 제조하기가 매우 쉽고(헐하고) 사용하기에 편리한 것을 이용하여야 한다.

채소를 저장할 때 사용하는 살균제 중에 생석회, 유산동, 유황, 석탄산수, 포로말린, 염기성 탄산동, 등은 모두 소독 약품으로 사용하는 것인데 특히 채소 저장에서 사용하는 방법은 저장실 안에 질화로(쇠나 양철 화로)를 놓고 그 위에 양철을 놓은 뒤에 유황가루를 태우고(저장실 1평방메타에 유황가루 20－25g) 2－3일간 공기 유통이 되지 못하게 두었다가 열어서 며칠 후에 채소를 넣으면 상하지 않고 아무 염려도 없다.

24시간 동안에 효력을 보는 법이 있는데 위에서 말한 바와 같이 저장실 안에 화로를 놓고 유황을 태우면(보통 1평방메타의 면적의 저장실에 유황가루 100g) 24시간 후에 바로 이용할 수 있다. 주의사항은 유황을 태운 후 1－2시간 내외에 출입하면 생명에 위험하게 되기에 특히 주의하여야 한다.

이밖에도 여러 가지 방식이 있는데 제일 간편한 것은 생석회를 저장할 채소에다가 고루 뿌려두는 것인데 이상에 지적한 방식을 이용할 수 없을 때 사용한다.

저장실에 넣는 방식과 관리방법

상술한 살균제로써 소독한 종채도 역시 잘 두고, 못 두는 데로부터 피해가 있으니 여러 해 동안의 실험에서 저장법을 말하려고 한다.

양배추를 저장할 때에는 무엇보다도 그 뿌리가 상하지 않게 하며, 꼭지가 떨어지지 않게 취급하며, 먼저 겉잎을 전부 뜯어버리고 장판 위에 차례로 세워두되 뿌리가 위로 향하게 놓고 두벌에는 첨 놓은 사이에 또 그 모양으로 세워놓을 것이며, 그 다음에도 역시 그 모양으로 세워놓는데 그 높이가 2m 이상이 되어서는 안 된다. 경험에 의하면 보통 1 – 1.5m의 높이가 가장 적당하며, 당근은 특별히 그 몸이 서로 닿지(다이지) 않도록 하여야 된다. 당근이 서로 겹쳐 놓이거나(겹놓이거나), 혹은 그 몸이 서로 닿게 되면 닿은 부분으로부터 썩기 시작하는 피해가 있으니 먼저 습기가 없는 세 모래를 준비하여 장판 위에 3 – 5cm 높이 되게 고루 펴고 다음에 당근을 차례로 줄을 지어 서로 닿지 않게 놓은 뒤에 다시 모래를 2 – 3cm 가량 펴서 당근이 보이지 않도록 하되 그 높이를 0.7 – 1m 되게 쌓아 놓을 것이다.

비트, 사탕무우도 역시 이와 같은 방식을 이용하는 것이 필요하다. 형식은 그렇게 할지라도 너무 높이 쌓지 않도록 주의하여야 된다. 특별히 감자와 다른 채소들을 한 굴에 넣어서는 안 된다. 감자를 같이 넣으면 이로부터 썩는 피해가 많이 생기며, 온도의 조절에도 적당치 못하니 다소간이라도 습기가 있는 저장실에는 위험성이 있다.

채소를 다 저장하여 놓은 뒤에도 자주 살피어 잘못되는 일이 없도록 하여야 된다. 저장하여 두고 반드시 관리인(수직)을 두어 3일간에 1차나 혹은 5일에 1차식 저장실에 들어가 잘못되는가를 감시하며, 또는 도적까지라도 들지 않는가를 잘 살피어야 하며 온도의 조절과 기타 모든 상황을 잘 보아 날마다 일지를 써두면 장차 채소 저장에 새로운 기술과 경험을 얻을 것이다.

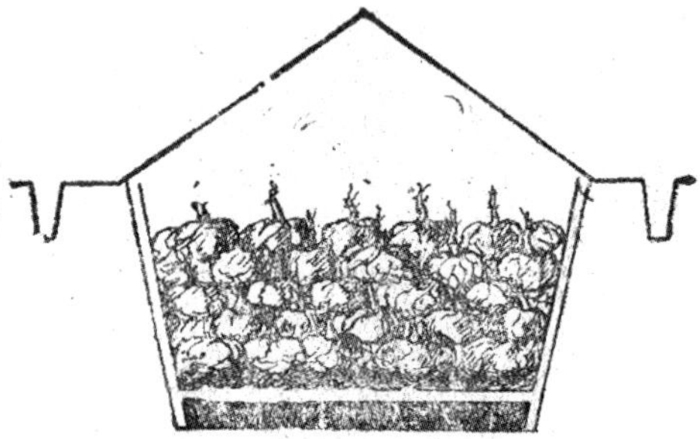

그림 27. 잎사귀를 그대로 두고 저장한 것

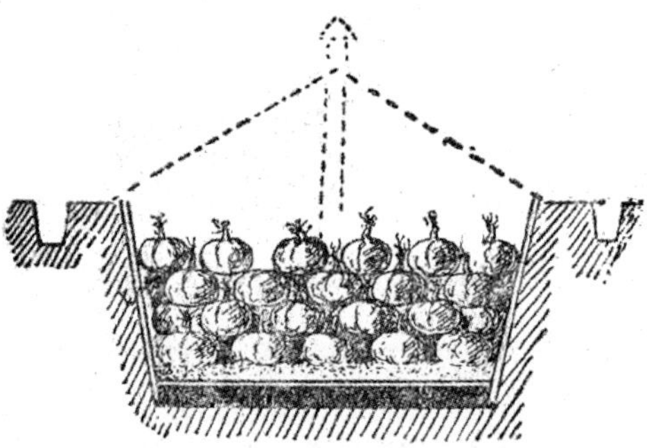

그림 28. 잎사귀를 정리하여 저장한 모양

새로 만든 저장실에 채소를 넣을 때에도 주의할 조건들이 있는데 1932년에 우두거우 집단농장 청년학교에서 실험한 바에 의하면 다음과 같은 실례를 볼 수 있게 된다.

1. 저장실을 새로 만들고 바로(니어) 채소를 저장하여서는 아니 된다. 이유는 3－4일간 온도가 일정치 않고 하루(할흐)에도 밤과 낮이 서로 달라서 온도가 오르고 내리는 것을 보게 되었다. 만일 이와 같은 때에 채소를 저장한다면 반드시 잘못될 것이

다. 5-6일을 지나서부터 밖에 기온의 차이가 있음을 불구하고 일정한 도수를 가지게 되는 때에 채소를 저장하여야 적당하다.

2. 저장 후 제일 적당한 온도는 평균 3-6℃가 되어야 하니 만일 2℃가 못되면 채소도 얼고 씨도 얼게 되어 쓸 수 없게 되기에 채소저장실의 온도가 이상에 지적한 도수가 못 될 때에는 난로를 설치하여 반드시 적당한 온도를 보존하도록 하며, 특별히 관리인을 세워 잘못되는 것을 바로 발견하여 그에 대책을 실현하면서 손실이 없도록 특별히 주의를 하여야 한다.

이와 같이 저장하는데 있어서 실행하여야 될 조건들을 열거하면 1) 관리인을 세워서 3일 1차나 5일 1차식 감시하며, 2) 한란계와 습도계를 장치하고 온도와 습기를 조절하며, 3) 썩을 증조가 보일 때에는 지체하지 말고 채소들을 다 뒤집어 놓으면서 잘 구분되게 넣도록 하며, 4) 저장소에서 실험적 일기를 작성하고 채소가 잘못되는 것을 발견하는 일체 책임을 관리인에게 맡기도록 하여야 된다.

모종을 심는데 대하여

종묘를 이른 봄에 심는 것도 그 종류에 따라 각각 다르게 된다. 양배추의 종묘는 봄날이 따뜻하여 얼지 않을만한 시기에 저장실로부터 전부 꺼내어 잎사귀와 기타 썩은 부분을 다 베어(버이어) 낸 후에 따뜻한 햇볕을 보여 가지고 속심이 상하지 않을만한 한도에서 삼각이 나게 베어 심는다.

만약 겉잎을 베지 않고 그대로 심어놓으면 속심이 나올 때에 지장을 받아 속히 나오지 못할 뿐만 아니라 쫑대가 구부러지면서 충실한 발육을 얻지 못하며, 혹은 잎사귀 속에서 부러져 잘못되는 일도 있다. 따라서 날마다 그 발육되는 정도를 보아 겉잎을 제쳐주어야 되는데 반드시 상술한 바와 같이 삼각형으로 베어 심되 그 시기는 연해주에서 5월 1일－12일에 심어야 된다. 만약 너무 늦게 심게 되면 가을에 종자가 다 성숙되기 전에 서리를 맞게 되어 많은 손실을 당한다.

그러므로 그 지방의 풍토와 기후를 보아서 심어야 되는데 보통 양배추는 종묘를 심은 날로부터 95일이 되어야 다 성숙된다. 실험적 일기에 의하면 양배추는 5월 6일에 모종을 심은 것이 5월 14일에 쫑대(그림 29)가 나왔으며, 6월 16일에 꽃이 피기 시작하여 7월 3일에 장다리(그림 30)가 앉았으며, 7월 28일부터 성숙하기를 시작하여 8월 20일에 다 거두게 되었다.

배추는 5월 6일에 이종한 것이 5월 10일에 쫑대가 나오기 시작하여 6월 6일에 꽃이 피게 되었고 6월 12일부터 장다리가 앉아서

7월 26일에 다 거두었다.

그림 29. 종묘를 심은 것

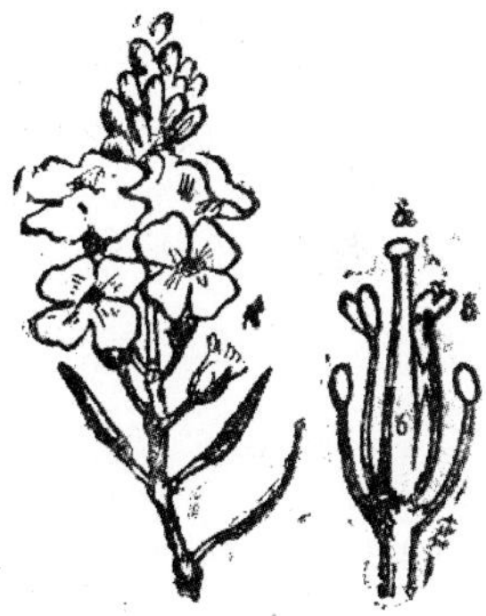

그림 30. 종묘의 장다리

모종을 심는 시기에 대해서는 위에 지적하였듯이 심을 때에 그 간격을 바로 정하여야 될 것이니 그 방식도 역시 정삼각형(正三角形)과 정방형으로 나눈다.

1. 삼각형으로 심으면 채종의 꽃대가 자란 후에 공기유통이 잘 되며, 김을 맬 때에도 채종의 아지가 상하지 않게 되나 김에 많은 노력을 허비하게 되며, 종묘의 받힘대(번힘대, 종묘가 넘어지지 않게 사방으로 틀을 만들어 받히는 것)를 세우는데 아주 불편하다.
2. 정방형으로 심는 방식은 공기유통이 다소간 잘못되는 점은 있으나 심어 놓은 후에 손질을 하기 쉽고 김에도 노력이 적게 들게 된다.

그러므로 종묘를 심을 때에 반드시 정방형식을 이용하는 것이 필요하며, 그 간격을 바로 정하여 공기유통이 잘 되도록 하며 김매기와 받힘대를 만드는데 지장을 받지 않도록 할 것이다. 보통 그 간격은 사방 70－100cm가 되게 하는 것이 가장 적당하며, 심을 때에도 너무 옅게 심지 말아야 되는데 만일 종묘를 옅게 심으면 바람에 전부 넘어지는 일이 있다. 따라서 그 깊이는 잎사귀가 붙은 데로부터 7－10cm의 간격을 내어놓고 잘 묻도록 하며, 비료는 보통 재(灰)에 인분을 혼합하여 주는 것이 좋으며, 꽃이 피어 장다리가 앉기 시작할 때에는 받힘대를 만들어줌으로써 바람의 위험을 막는다.

채종을 어떻게 거두는가

완전한 종자를 얻으려면 채종을 거둘 때부터 특별히 주의하여야 되며, 종묘를 키울 때에도 기술적으로 잘 살피어야 된다. 특별히 양배추의 종묘가 자라서 꽃이 피기 시작할 때에는 먼저 아지마다 끝에 나는 순을 잘 집어주어야 할 것이니 만일 순을 자르지 않고 그대로 두게 되면 아지가 충실하지 못하고 키만 크게 되어 바람에 견디지 못하며, 또는 장다리가 일시에 결실되지 못하여 수확을 많이 얻지 못한다. 그러므로 양배추 종묘에 대하여서는 반드시 순을 쳐주어야 된다. 경험에 의하면 양배추 종묘의 원 쫑대에서 받은 종자라야 통이 잘 들며, 수량이 많게 된다. 뿌리의 부분으로부터 자라난 곁아지에 맺힌 씨앗을 심으면 양배추가 통이 잘 들지 않으며, 간혹 통이 드는 것이 있다고 하여도 수량이 얼마 되지 못하는 것이 명확하다. 까닭에 곁아지가 많이 생기는 것이 도리어 원쫑대에서 얻은 수확까지 감소시킬 수 있으니 처음부터 뿌리의 부분이 상하지 않도록 다 잘라버리는 것이 매우 필요하다.

표 19. 채종에서의 원쫑대와 곁가지에서 받은 씨앗 비교표

구분	포기수	잘 오군 것	잘 오굴지 못한 것	비고
원쫑대에서 받은 씨앗	20	20	–	–
곁가지에서 받은 씨앗	20	8	12	잘 통이든 것도 크지 못하고 완전치 못함

종묘를 저장할 때부터 미리 겉잎사귀를 떼고 종묘의 원쫑대가 생기는 끝을 칼로 베어 두었다가 봄에 심게 되면 원쫑대는 나지 않고 곁으로만 굵은 아지가 많이 나와 장다리를 많이 얻게 된다. 이 방식을 이용하면 원쫑대에서 얻는 씨앗의 수량보다 더 많이 얻게 된다. 그뿐만 아니라 저장할 때에 자리도 적게 차지하게 되어 어떤 편으로든지 많은 이로움이 있다. 그러나 잎을 따낼 때와 칼로 벨 때에 주의하여야 된다.

그러나 어떤 재소에서는 채종 장다리가 절반만 성숙되면 그것을 쫑대 째로 베어서 말려가지고 씨앗을 받는데 실로 위험한 일이다. 여물지 못한 종자에서 나는 모종은 약하게 되며, 또는 중독되어 수확을 감소시킨다.

그러므로 장다리가 여물 시기에는 그를 매일 감시하여 먼저 여무는 족족 거두어 채워 여물지 않은 것은 성숙기까지 기다려 거둬야 된다. 채종에서의 순을 치고 안 친 것과 잘 여물고 안 여문 것에

대한 비교표(표 20)를 아래에 보인다.

표 20. 채종에서의 순을 치고 안 친 것과 잘 여물고 안 여문 것에 대한 비교표

구분	포기 수	수량		실험으로 종자를 심은 알 수	싹 난 수	비고
		kg	g			
순을 친 것	10	4	350	–	–	–
순을 치지 않은 것	10	–	510	–	–	–
마구 베어 받은 것	10	–	370	100	100	약한 뿌리 57
끝까지 익은 것을 가려 받은 것	10	–	612	100	100	약한 싹이 2

배추의 종묘는 양배추의 종묘보다 더 빠르게 성숙되며 키도 높이 자라지 않기에 노력이 적게 든다. 모종은 역시 양배추와 같이 심으며, 심는 방식은 정방형으로 하되 간격은 50 – 70cm가량이 되게 하며, 종자를 받을 때는 성숙되는 것을 잘 살펴서 줄기를 캐어 4 – 5일 동안을 볕에 말린 뒤에 씨를 취한다.

배추의 모종은 심은 날부터 성숙기에 이르기까지, 기후에 따라 다소간 차이가 있지만 대체로 60일이면 완전히 여물게 된다. 배추 종묘에 대한 결과에 의하면 5월 6일에 심은 것이 5월 10일에 쫑대가 나기 시작하여 6월 6일에 꽃이 피었으며, 6월 12일에 씨가 들었고 7월 18일에 거두게 되었다.

근채류는 엽채류와 달라서 묘두(苗頭)가 썩기 쉬우니 모종을 심기 전에 썩은 것은 모조리 석회에 섞어서 땅속에 깊이 묻어버리고 묘두가 상하지 않고 또는 썩을 만한 위험이 없는 것을 잘 가려 석회 20%를 혼합한 물에 씻어서 심되 간격은 사방 40 – 60cm로 한다.

심을 때에 묘두의 밑까지 잘 묻어놓고 외양간두엄을 그 위에 약간 펴놓는 것이 필요하다. 이와 같이 하면 여간한 봄 추위에도 얼지 않고 싹이 빨리 터서 잘 자라게 된다.

당근, 비트, 사탕무우 등의 모종은 심어서 90일이 되어야 씨를 털게 되며, 배추와 노배, 무 등의 씨가 여물 때에는 종달새(씨앗을 먹는 새)들이 많은 손해를 주니 이에 주목해야 한다.

채종한 종자의 저상과 취급하는 방법은 과학 및 실제 경험에 의하여 진행해야 된다. 채종한 종자는 그 종류에 따라 발아력의 기한이 오래가지 못하여 해마다 싹이 나는 비율이 벼과작물에 비하여 속히 줄어들게 된다. 다시 말하면 노배와 무 종자는 한해라도 묵혀 심으면 장다리만 앉고 뿌리가 들지 않으며, 기타 채종한 종자들도 4년만 묵히게 되면 발아력이 손실된다(혹시 싹이 나는 종류가 있어도 45－55%는 발아력이 없음).

채종한 종자의 발아력이 쇠퇴되는 이유는 습도와 온도가 적당히 조절되지 못하는 것과 너무 건조한 곳에 두어 종자가 보존하고 있는 수분이 비산된 까닭이다. 그뿐 아니라 채종한 종자가 완전히 여물기 전에 수확하거나 비와 서리를 맞히거나 너무 습한데 두었거나, 너무 뜨거운 볕에 말린 것도 역시 그렇다. 다시 말하면 종자를 저장한 장소에 공기가 건조하고 온도가 50℃ 이상이 되거나, 습도가 40% 이상이 되며, 온도의 급변이 많은 등의 조건 하에는 종자의 발아력이 보통 30－40%는 감소된다.

우선 채종을 할 때에 잘 여문 것을 취하며, 그를 세정할 때에 다른 물질이 하나도 없게 하고 좋은 일기를 택하여 2－3일간 깨끗한 자리에 골고루 펴놓아 말린다. 거기에 적당한 온도는 28－30℃로

정하고 35℃ 이상은 절대로 피해야 된다.

종자를 저장하는 장소는 온도가 낮은 곳보다 높은 곳이라야 되며, 습기는 전부 없어야 된다. 종자를 곡간에 두지 말고 사람이 거처하는 방 안에 두는 것이 필요하다. 종자는 자체의 작용보다 외부의 영향을 받아서 싹이 나는 힘이 감소된다.

종자를 온도가 너무 높은 곳에 넣었거나, 여러 해 동안 묵혀 싹이 나지 않는다면 반드시 그에 대한 약방을 응용하여야 된다. 염산 1%를 탄 물에 씻거나, 인산을 0.04%를 탄 물에 씻으면 싹이 발생된다. 또는 과망간산가리($KMnO_4$) 0.5%를 탄 물에 5-10분 동안 담아 두었다가 심어도 좋다. 그러나 습기가 많은 곳에 두었던 것은 어떤 방법으로도 발아력을 회복할 수 없는 것이다. 보통 기온이 4-6℃ 되는 곳에 두었던 종자의 발아력을 실험한 결과를 본다면 다음과 같다(표 21).

표 21. 보통 기온이 4-6℃ 되는 곳에 두었던 종자의 발아력을 실험한 결과

채종의 명칭	제1년	제2년	제3년	제4년	비고
	싹 나는%	싹 나는%	싹 나는%	싹 나는%	
양배추	99	84	72	65	
당근	100	73	34	12	
봄무우	100	60	56	35	
비트	100	91	74	67	
물외	100	54	20	12	
원두	97	82	60	40	
배추	96	88	72	54	
순무	100	98	90	72	
열콩	100	90	73	48	

채소를 심는 시기와 그에 적당한 온도

채소를 심을 때는 적당한 시기에 하여야 된다. 그러나 그 지방 기후와 토질에 따라 다소간 차이가 있지만 파종시기에 먼저 온도의 관계를 잘 계산하여 두었다가 해마다 참고하는 것이 가장 필요하다.

보통 경험에 의하면 어떤 채종을 물론하고 온도가 20℃ 이상이 되지 못하면 싹이 나지 못한다. 간혹 싹이 나는 것이 있다고 하여도 잘 자라지 못하며, 적당한 온도는 채소의 종류에 따라 차이가 있지만 보통 15 - 20℃이다(온도가 너무 높으면 중독을 받음). 채소를 심는데 적당한 온도를 실험한 비교표를 아래에 기록한다(표 22).

표 22. 채소를 심는데 적당한 온도를 실험한 비교표

채소의 종류	온도와 싹이 나는데 걸리는 날 수						가장 적당한 온도(℃)
	온도(℃)	날 수	온도(℃)	날 수	온도(℃)	날 수	
감자	10	28	16	18	19	15	12
양배추	10	4	16	1-8	19	1	15
배추	10	3	16	1-5	19	1	15
당근	10	6-8	16	4-5	19	3-7	16
비트	10	10	16	4	19	3-5	16
수박	10	15	16	18	19	8	17
참외	10	8	16	6	19	5	16
물외	10	7	16	5	19	4-5	16
호박	10	12	16	10	19	5	17
원두	10	3	16	1-8	19	1-5	14
담배	10	15	16	10	19	5-8	16

각종 채소를 심을 때에 먼저 파종 할 종자의 수량부터 결정해야 되는데, 먼저 발아력을 시험하여 그의 분량을 가감할 수 있다. 동시에 비옥한 토지에는 종자량을 적게 하고 척박한 토지에는 종자량을 더 증가시켜야 한다. 토질에 따라서 종자를 배게 심고 드물게 심는 것이 수확에 큰 영향을 미친다. 해삼구역 각 채소에서 ha당 정해 놓은 종자의 수량은 아래표와 같다(표 23).

표 23. 해삼구역 각 채소농장에서 1ha에 정하여 놓은 씨앗의 수량

채소의 종류	파종기일	1ha에 파종량		성장일수
		kg	g	
감자	5월 15일 기준 10일 이내	600	–	105
양배추	4월 10일 기준 10일 이내(온상에)	–	350	120
당근	5월 25일 기준 5일 이내	2	500	140
비트	– 〃 –	7	–	140
노배	7월 20일 기준 5일 이내	2	500	85
배추	8월 1일 기준 5일 이내	1	–	80
일년감	4월 20일 기준 5일 이내	–	800	125
봄무우	5월 5일 기준 10일 이내	6	–	80

종자의 수량을 구체적으로 정할 때에 그 발아율은 명료하게 확인해야 한다. 발아력이 95%가 되는 것은 1ha에 7kg, 75%가 되는 것은 1ha에 8.850kg을 심어야 된다. 다시 말하면 이미 정해진 종자의 발아율에 1ha에 적당한 파종 수량을 곱하고 그 적게 싹이 나는 비율을 제하면 파종할 수량을 얻게 된다.

그리고 파종 전에 씨앗을 전부 소독하고, 발아 시험을 거친 후 정한 계획대로 실행해야 한다.

채포업자의 지남 해제

"고려인의 채소재배" 원본 "채포업자의 지남" 해제

김병학 · 이상현

1933년에 연해주 일대에서는 채소품귀 현상이 일어났다. 원인은 채소농사의 실패에 있었다. 거기에는 자연재해를 비롯한 여러 가지 이유가 있었지만 가장 큰 이유는 잘못된 영농방법, 즉 무지한 영농법에 있었던 것으로 보인다. 『채포업자의 지남』을 쓴 저자는 1932년에 연해주의 일부 채소전문 집단농장들이 양배추와 당근 등의 종자를 미리 준비하지 못한 관계로 파종에 큰 어려움을 겪어 계획된 수확량을 거두지 못했으며, 저자가 소속된 우두거우 마을 『신세계』 채소전문 집단농장에서는 씨앗이 잘못되어 50% 이상의 손실을 당했다고 기록하고 있다.[2]

소련이 세계 최초로 시행한 제1차 5개년 계획경제가 끝나고 제2차 5개년계획이 첫 해에 접어든 1933년 당시 채소수확량의 감소는 연해주 농업경제 관계자들을 적잖이 당황하게 만들었던 것 같다. 연해주 고려인들에게 가장 널리 읽힌 한글신문 《선봉》은 그해 5월 7일자 지면에 채소재배의 중요성을 조목조목 언급한 다음, 마지막 부분에서 채소수확량을 시급히 향상시킬 것을 마치 격문을 낭독하듯이 다음과 같이 격렬하게 호소하고 있다.

---

2 양근원, 『채포업자의 지남』(련합국립출판부 – 원동국립출판부, 1934), 90쪽.

… 닞지 말아야 할 것은 우리 원동변강을 소비적 변강으로 붙어 생산의 변강으루 전환시기는 일에 련쇄하여 불족되는 채소를 직어야(지어야) 일년에 한 인구에 150 kg씩 돌아갈 만힌 수량을 가지이야 할 것이다.

그런데 고려인 부분에서는 자래로 붙어 채마경리를 일종의 부업으로 간주하여 그의 경작을 과소평가하는 경향들이 얼마던지 있엇던 그 관습을 없이어 바리지 않고 지금도 가지고 있는 것이니 그는 채마가 식료에 어떠한 의의가 있는 것을 잘 리해하지 못한 리유로 출발한 것이다.

그러므로 쏩호즈, 집단농장[3] 개인 로력농민들은 할흐 밭비 바리고 채마경리를 확장하는 일을 넓은 로력대중에게 선전, 해석하는 동시에 금년의 채마경작은 수용에 적응되는 그 이상을 꼭 실행하여야 할 것이다. …

앞으로는 이러한 병폐들을 없이어야 할 것이므로 위선 도시 부근에 있는 집단농장, 개인농민 경리들에서는 채마의 경작을 무엇보다도 주력하여야 할 것이니 해삼시 부근에 있는 집단농장 – "신세계", "볼세비크", "깔맑스", "블류헤르", "곧 쏘베트"와 하바롭스크 부근에 있는 "고려인", "붉은 빨찌산"과 긔타 도시에 있는 집단농장들에서는 채마경리의 장성을 근본적으로 중요시 할 것이며 … 성과를 달성할 것을 격렬히 말하여둔다.[4]

3 '집단농장(콜호즈)'는 소비에트시대에 만들어진 집단농장을 말한다. 이후 본문에 등장하는 '솝호즈'는 협동농장을 뜻한다.

4 「채마재배의 수확고를 위하여 사회적 주목을 한 층 더 높이라!」(《선봉》 1933년 5월 7일). 《선봉》신문은 1923년 3월 1일 3.1운동 4주년을 기념하여 연해주 블라디보스토크에서 발행된 순 우리말 신문이다. 당시 연해주에는 17개의 크고 작은 신문이 있었는데 고려인들에게 가장 널리 읽힌 신문이 바로 《선봉》이었다. 이 신문은 강제이주로 인해 폐간되었다가 1938년 5월 15일에 카자흐스탄 크즐오르다에서 《레닌기치》라는 이름으로 복간되었고 이것이 1991년에 제호를 《고려일보》로 바꾸어 오늘에 이르고 있다.

이 기사가 신문에 나간 지 채 1년이 지나지 않아 『채포업자의 지남』이라는 선구적인 채소재배방법 개론서가 나왔다. 저자가 밝힌 바와 같이 이 책은 채소수확을 향상시키기 위해 연해주 우두거우 마을《신세계》채소집단농장(꼴호즈) 안에 세워진 청년학교에 실험농장을 설치하고 1932년에 각종 채소를 재배한 결과를 과학적으로 관찰, 정리한 채소재배방법 지침서이다.[5] 이는 당시 연해주 고려인사회에서 매우 활발하게 전개된 문화예술 및 학술 활동의 결과물로서, 그리고 과학적 방법론에 바탕을 둔 객관적이고도 합리적인 연구물로서, 지금은 거의 흔적조차 없이 사라져버린 연해주 고려인들의 지적 유산 가운데 우리에게 남겨진 몇 안 되는 귀중한 자료다. 1930년대에 연해주에서는 고려인들의 연구서나 전문서적들이 적지 않게 출판되었는데 1937년에 강제이주를 당하면서 대부분 사라지고 말았다. 지금은 제목만 남아 전해지고 있는 『꿀벌치는 법』(리선송 저), 『청어를 어떻게 간짐할가』, 『깜북이와의 투쟁』, 『원동변강에서의 벼농사』, 『콩과 그 재배법』, 『옥수수』, 『토끼치는 자의 지남』[6] 등과 같은 책들이 1937년에 그런 운명을 맞이했을 것으로 보인다.

이 책이 출판된 1930년대는 연해주 고려인들의 지식활동이 학문과 문화예술과 언론 분야에서 찬란히 꽃피던 시기였다. 그때 연해주에는 고려인들의 정신문화가 개화할 수 있는 토대가 이미 탄탄

5 '지남'은 '가리켜 지시함. 또는 이끌어 가르침'을 뜻하는 옛 용어로 당시 연해주에서 고려인들이 전문서적을 펴내면서 이 용어를 자주 사용하곤 했었다.

6 《선봉》신문 1932년 9월 28일, 10월 26일, 1933년 5월 27일자 책자주문 광고. 이 외에도 책자주문 광고에는 속히 출판될 농업관련 책으로 『원동변강에서의 양잠』, 『원동변강에서 양봉방법』 등이 있으니 주문하라고 하고 있다.

히 갖춰져 있었기 때문이다. 당시 연해주에는 380여 개의 고려인 민족학교가 있었다. 또 연해주 중심도시 블라디보스토크에는 1931년에 설립된 고려사범대학교를 비롯하여 니꼴스크-우수리스크(소왕령)에는 고려사범전문학교, 그밖에 어업대학, 의학대학, 상업대학 등 여러 고등교육기관이 있었고, 언론기관으로는 1923년 3월 1일에 창간된 《선봉》신문을 비롯하여 《문화》, 《새 세계》, 《로동자》, 《로농신보》, 《적성》, 《동아 공산신문》, 《스탈린의 길》, 《연해주 어부》, 《붉은 해삼위》 등 17개의 크고 작은 신문 및 규모 있는 집단농장들이 자체적으로 만들어 발간한 《레닌의 거름대로》, 《농촌지남》 같은 벽신문들이 있었으며, 문화예술기관으로는 1932년 9월 9일에 창단된 한민족 최초의 우리말 전문연극극장인 《원동 고려인극장》을 비롯한 여러 소인예술단이 생겨나 활동하고 있었다.[7]

---

7 김병학, 「재소고려인 정신문화의 쌍두마차 고려일보와 고려극장」, 『황무지에서 지켜낸 민족혼』(한국이민사박물관, 2014년), 198쪽. 세부적인 사항을 살펴보려면,

고려인 민족학교에 대해서: 《선봉》신문은 1928~1933년 사이에 고려인 학교 중 1. 일급학교 351개교에 학생수 28846명, 2. 공장제조소 칠년제 학교 4개교에 976명, 3. 구년제 학교(통계 없음), 4. 집단농장 청년학교 21개교에 3073명이라고 밝히고 있다(「지난 오개년간의 전변강의 문화전선에서 어떤 성과들을 달싱햇는가」(《신봉》 1933년 2월 6일)). 한편 역사학사 김승화는 앞의 선봉신문을 인용하면서 신문에 나와 있지 않은 구년제 학교가 4개교에 학생수가 700명이며 따라서 총학교는 380개교에 학생은 33595명이라고 주장하고 있다(Ким Сын Хва, 『Очерки по истории советских Корейцев』(Алма-Ата, Издательство 《Наука》, 1965), 211쪽). 그 밖에 어업대학, 의학전문학교, 상업전문학교 등의 존재에 대해서는 정상진 회고록 『아무르만에서 부르는 백조의 노래』(서울, 지식산업사, 2005), 209쪽,

언론기관의 숫자에 대해서: 양원식·김병학, 「카자흐스탄 고려인사회 발전을 위한 언론의 역할: 고려일보를 중심으로」, 『세계화시대의 재외한인 언론과 한민족공동체(한국동북아학회 국제학술회의집)』(한국동북아학회, 2001년 9월), 103쪽 ; 채유리, 「민족성을 지켜온 신문(고려일보창간 80주년기념화보집)」

이러한 지적, 인문학적 인프라를 바탕으로 고려인 인텔리들은 개척정신과 근대적인 실험정신으로 무장하고 전문영역에 뛰어들어 눈에 띄는 성과를 내놓고 있었다.[8]

(Алматы, 2003), 6쪽 ; 김병학·김 콘스탄틴, 「선봉 – 레닌기치 – 고려일보(고려일보창간 90주년기념화보집)」(Алматы, 2013), 9, 11쪽 ; 벽신문에 대해서는 "《선봉》 1932년 7월 20일자" 등,

악단 및 극단들의 존재에 대해서: И. Ким, 『Советский корейский театр』(Алма-Ата: ©издательство 〈Өнер〉, 1982), 6~9, 188쪽 ; 리길수 회상, 「조선극장」, 『오늘의 빛』(알마아따, 《자수싀》, 1990), 169~173쪽 ; 연성용 회상록, 『신들메를 졸라 매며』(서울, 예루살렘, 1993), 9~11쪽 ; 고려극장 창단에 대해서는 "문세준, 「권급광고」(《선봉》 1932년 9월 6일, 8일)" 등을 볼 것.

8 고려인들의 학술, 문화 활동은 두말할 것 없이 러시아에서 공산주의 혁명을 성공시킨 레닌이 제창한 국제민족주의(인터내셔널리즘)가 이론적, 현실적으로 뒷받침해주고 있었기에 가능한 일이었다. 레닌은 인민의 무지와 공산주의의 오만성과 러시아 대민족주의를 척결대상으로 삼고 공산주의 이념으로 거듭난 민족 간 호혜평등을 정착시키려고 노력했다. 연해주 고려인들은 이에 적극 호응하여 몇 가지 정책을 열정적으로 추진해나갔는데 그 중 하나가 바로 '고려화'라는 것이었다. 이는 '러시아화'와 반대되는 용어로서 러시아나 서구의 지적, 문화적 자산들을 우리식으로 토착화시킨다는 개념이었다. 당연한 이야기지만 '고려화'의 기본 바탕과 방향은 연해주 고려인들의 머릿속에 형성된 사상이나 관념을 우리말로 창작해 표현하고, 외국어로 표현된 인류의 지적 자산을 우리말로 번역하여 전 고려인 근로대중에게 전파하는 것이었다. 그 당시는 고려인들이 러시아 혁명세력과 힘을 합쳐 반혁명세력과 외세를 몰아내고 새로운 소비에트 사회를 건설했다는 자부심으로 의욕이 한껏 고양되어 있던 시기이기도 했다. 그래서 그들은 문화예술과 학문과 정치경제의 전 분야에 자신 있게 뛰어들어 다수의 우리말 저서와 번역서들을 쏟아낼 수 있었다. 『채포업자의 지남』 역시 그때 연해주 고려인들이 부흥시킨 우리문화의 르네상스기에 태어난 자식 중 하나였다. 물론 여기에는 근본적인 한계가 있었다. 소비에트 공산주의의 이념 안에서 모든 것이 움직여져야 했으므로 고려인들이 누린 출판의 자유 역시 소비에트 이념이 덧씌워진 사상의 우산 아래 있었다. 소련정부는 연해주 내전이 끝난 지 얼마 되지 않은 1923년부터 이념적, 사상적 숙청작업을 지속해왔다. 그래서 고려인들의 정신문화활동은 늘 자체검열과 제약 속에서 진행되었고 따라서 '고려화'는 처음부터 한계를 가지고 있었다. 그럼에도 불구하고 제한된 범위 내에서나마 민족사적으로 의미 있는 결과를 많이 낸 것은 사실이다. 아쉽게도 '고려화'는 1937년 강제이주로 인해 갑자기 종

고려인 농업전문가들은 이와 같은 지적 토대 위에서 농업에 관련된 저술활동을 꾸준히 해왔다. 물론 이보다 더 근본적인 배경에는 연해주 전 산업분야에서 가장 큰 비중을 차지하는 농업이 굳건히 자리하고 있었기에 가능한 일이었다. 당시 연해주에는 농업, 어업, 임업, 광업, 축산업 등이 산업의 근간을 이루고 있었는데 그 중에서 농업이 차지하는 비중이 단연 으뜸이었다. 또 그 시기는 기계화의 도움으로 근대적이고도 대대적인 자연 개발이 이루어지면서 농업에서도 획기적인 생산성 향상에 대한 기대가 생겨나던 때였다. 이 같은 바탕 위에서 고려인 농업 전문가들은 농업발전에 대한 확고한 소명의식을 갖고 일반 농민들을 계몽하기 위한 지적활동을 활발히 펼치고 있었다.

아쉽게도 연해주 고려인 문화의 황금기는 오래 가지 않았다. 1935년 무렵부터 스탈린정권의 정치적, 사상적 압박이 고려인사회를 조여 오기 시작했고 급기야 2년 후에는 한 순간에 민족 전체가 강제이주를 당해 머나먼 중앙아시아로 실려 오게 되었던 것이다. 이로써 의욕적으로 전개되던 고려인 문화예술 및 학술활동은 갑자기 종말을 맞이해버렸다. 강제이주 이후에 조심스럽게 재개된 문화예술과 학술활동은 매우 다른 성격으로, 훨씬 부자유하게 전개되었으며, 연해주 시기와는 완전히 다른 양상을 띠었다.

말을 맞이하고 말았다. 대신 반대편에 물러나있던 '러시아화'가 다시 강력한 힘으로 밀려와 고려인사회를 구석구석 덮어버렸다. 그 후로 '고려화'는 한 번도 고려인사회의 표면으로 떠오른 적이 없었다.(「건설의 속도를 건체시기는 우경기변주의와 대로시아 애국주의를 시급히 퇴치하라!!!」(《선봉》 1931년 9월 8일) ; 「고려화는 말뿐이다」(《선봉》 1931년 9월 14일) ; 「고려화는 실현된다」(《선봉》 1932년 1월 30일) ; 정태, 『정태소리력서』(1959년 무렵) 등)

이와 같이 펼쳐진 1930년대 연해주의 정치경제적 상황과 그 배경 속에서 전개된 고려인 사회의 지적 활동을 염두에 두면서 이 책과 저자에 대해 간략히 살펴보고자 한다. 그리고 저자가 다른 매체에 남긴 흔적들을 찾아보고, 이 책의 산실인 우두거우 마을《신세계》채소전문 집단농장의 형성배경과 당시의 작물재배 현황, 그리고 마지막으로 연해주 고려인들이 재배했던 농작물의 변천사를 강제이주 이후까지 연장하여 개략적으로 언급해보기로 하겠다.

1. 책『채포업자의 지남』에 대하여

『채포업자의 지남』은 제목 그대로 과학적인 채소재배방법에 대한 개론서로 이 책을 펴내는 목적과 의의 등이 저자 양근원이 쓴 서언에 잘 요약되어 있다. 저자는 채소재배업이 도시와 농촌에 식료를 공급하는데 의의를 가지고 있으며 소비에트 동맹도 채소재배를 장려하고 있음을 상기시키고 자신들 앞에 농업을 기술화시켜 수확을 결정적으로 향상시켜야 할 과업이 놓여있다고 주장하고 있다. 저자가 이와 같은 과업과 목표를 내세운 데에는 재소고려인 한글신문《선봉》이 누누이 지적한 바 있고, 저자도 이 책의 뒷부분에서 언급하고 있듯이 1933년에 연해주에서 채소 수확량이 애초에 계획했던 것에 훨씬 못 미친 사실이 큰 영향을 미쳤기 때문인 것으로 보인다. 즉 채소수확량의 감소는 저자가 소속된 채소전문 집단농장에 막중한 책임을 전가하여 농업전문가인 저자에게도 이와 같은 채소재배 지침서를 내도록 유형, 무형의 압력으로 작용했을 것으로 생각된다.

저자는 또 채소를 재배하는 각 농촌 꼴호즈(집단농장)와 조합원들이 시장을 통해 도시와 농촌에 채소를 공급하는 유통관계를 강화함으로써 채소 되팔이꾼(중간상인)들을 구축할 수 있게 되었다고 말한다. 저자의 언급대로 1930년대 당시 소련은 거대한 사회주의적 계획경제를 실험해오면서 중간상인과 우경기회주의자와 토호청산을 위한 정치적 숙청사업을 지속적으로 진행하고 있었다.[9] 그 과정에서 토호들이 격렬히 저항하며 농촌지도자들을 살해하는 테러를 가하기도 했으나 이미 1929년 12월에만 해도 300명의 고려인 토호가 퇴치되었다.[10] 농업의 조직화와 집단화가 공고화되자 그들은 설 자리가 줄어들어 자연스럽게 소멸하거나 중령으로 도주했는데 저자는 그러한 가시적 성과를 사회주의적 경제체제가 정착되어가는 단계로 파악하고 있는 듯하다.

그리고 저자는 이 책이 우두거우 마을 《신세계》 채소전문 집단농장 내에 설립된 청년학교의 실재 경험으로부터 저작된 것임을 밝히고 있다. 이 집단농장은 채소수확을 향상시키기 위해 실험농장과 부속채소장과 양묘원을 설치했고 저자는 1932년에 청년학교 학생들과 함께 채소재배 실험을 했다. 그리고 거기서 얻은 결과를 종합하고 정리하여 학리(이론)과 실지(실제)를 이 책에 연쇄시켰

9 정태, 『정태소리력서』(1959년 무렵): 정태는 1896년 함경북도 회령에서 태어났다. 어렸을 때 부친을 따라 만주로 건너가 살다가 1915년 무렵에 연해주로 넘어갔고 이듬해에는 홍범도 장군 밑으로 들어가 독립활동을 했다. 그는 김세일에게 보낸 편지를 통해 홍범도 장군의 항일투쟁에 대한 중요한 증언을 남긴 바 있으며, 말년에는 자신의 생애를 정리한 『정태소리력서』를 남겼다.

10 Ким Сын Хва, 『Очерки по истории советских Корейцев』(Алма-Ата, Издательство 《Наука》, 1965). с. 169.

다. 그 당시 어느 정도 규모를 갖춘 고려인 집단농장들은 의욕적으로 청년학교를 설립해서 인재들을 길러내고 있었다. 특히 우리나라가 일제에 강제합병 된 뒤로는 다수의 애국지사와 인텔리들이 연해주로 망명해 들어갔는데 그들 중 상당수가 집단농장 청년학교에 들어가서 학생들을 가르쳤다. 그런 까닭에 다수의 고려인 집단농장 청년학교에는 애국사상과 계몽주의의 분위기가 흐르고 있었다. 후술하겠지만 몇 가지 사실로 미루어보아 이 청년학교도 그런 분위기 속에서 의욕적으로 채소작물재배실험을 진행한 것으로 보인다.

이 책의 주요내용은 목차에 나오는 바와 같이 채소의 파종부터 수확과 보관에 이르기까지 채소재배 전반을 다루고 있다. 세부내용을 살펴보면 파종, 모판설치, 온상과 냉상, 모종, 채소에 적합한 토양, 추경방식, 시비, 제초, 병충해와 구제, 채소의 저장 등으로 구분되어 있어 당시 연해주 고려인들이 지은 대체적인 농사방식을 엿볼 수 있게 해준다.

또 이 책은 당시 연해주 고려인들이 재배했던 주요 채소작물에 대한 다양한 정보를 제공해준다. 물론 이 책에 언급된 작물들이 연해주 전역에 흩어져 살던 모든 고려인이 재배한 채소의 종류를 다 망라하지는 않겠지만 이 집단농장이 연해주 중심도시 블라디보스토크 가까이에 위치한 채소전문 집단농장 이였던 점,[11] 《선봉》신문 같은 주요 언론을 통해 이 집단농장이 채소재배농장으로 널리

11 이 집단농장는 해삼구역에 있었다. 연해주는 해삼(블라디보스토크)을 주도로 삼고, 뽀시예트, 수청 등 17개 구역을 두고 있었다.(「원동변강의 구역편제를 진행함에 대하여」(《선봉》 1932년 12월 4일))

알려진 점,[12] 이 책의 저자가 《선봉》신문사에 채소재배에 대한 중요한 논고들을 싣고 또 신문사 편집부가 저자에게 질문하는 과정에서 이 신문사가 《신세계》 집단농장을 사실상 고려인 채소재배를 대표하는 조합으로 인정하고 있는 점 등으로 미루어, 이 책에 등장하는 채소들은 사실상 연해주 고려인들이 재배하는 주요 채소를 망라하고 있다고 보아도 무리는 없을 것이다.

우두거우 마을 《신세계》 집단농장 실험농장에서 재배된 채소와 작물은 보민돌(일년감. 토마토), 감자, 다두배추(양배추), 머로꼽(당근), 쓰뵤클라(비트), 열콩(강낭콩), 노배, 닢배채(배추), 사탕무, 불누까(순무), 봄무우, 원두(완두콩), 물외(오이), 수박, 참외, 담배, 호박 등이다.[13] 그 중에서 양배추 재배방법이 이 책에서 가장 많은 분량을 차지하는데 이는 고려인보다는 러시아인을 위한 것으로, 블라디보스토크에 사는 주민의 상당수가 러시아인이었던 만큼 양배추의 주요 소비자인 그들의 수요에 맞추기 위해 대량재배하면서 재배방법을 본격적으로 연구했을 것으로 생각된다. 이로 미루어 이 책에 열거된 재배작물들이 모두 고려인이 식용으로 애용하는 작물들이었던 것만은 아니고, 그중 일부는 블라디보스토크시 등 도시 주민의 수요에 의해 재배된 것이었음을 알 수 있다. 비트와 사탕무도 고려인이 주요 먹거리로 소비하지 않았음은 거의 확실하다고 볼 수 있겠다.

12 「식료 없이 로력을 못하게 된다」(《선봉》 1931년 12월 30일)

13 이중 보민돌(Помидор 뽀미도르), 마르꼽으(Морковь 모르꼬비), 쓰뵤클라(Свёкла 스뵤클라), 불누까(Брюква 브류크바)는 러시아어를 당시 우리말 발음으로 표기한 것이다.

이처럼 『채포업자의 지남』은 1930년대 연해주 고려인들이 재배한 채소의 종류와 재배방법에 대한 의미 있는 정보를 제공해주고 있다. 우리는 이 책을 통해 연해주의 토질과 기후는 물론이고 작물의 파종과 모종, 시비와 병충해 구제방법, 수확과 보관 등 1930년대 연해주 고려인들의 채소농법 전반에 대한 상식을 두루 접할 수 있다.

저자의 원고는 리광이라는 어문학자가 감수했다. 리광은 우리말의 문법체계와 정서법을 연구하여 연해주 고려인사회에 통일된 우리말맞춤법을 정착시키는데 큰 역할을 한 사람 중 한 명이다. 연해주 고려인사회에서는 이미 1920년대 후반부터 한글맞춤법 통일에 대한 논의가 이루어지고 있었다. 그 결과 1929년 5월에 블라디보스토크에서, 이듬해 1월에는 하바롭스크에서 고려문전에 대한 회의가 열렸다. 그때 리광은 계봉우, 강채정, 김시종, 오창환 등 일단의 학자들과 함께 연해주 고려인 조선어문학자들을 대표하여 그 회의에 참석하여 한글정서법에 대한 학술적 토론을 전개하였고 그때 도출된 의견을 모아 『오창환문전』이 나오도록 하는데 크게 기여했다.[14] 연해주 고려인을 위한 한글맞춤법 통일안인 『오창환문전』은 그때부터 오랫동안 고려인이 사용하는 모국어 정서법의 전범이 되었다. 또 리광은 연해주 고려인들에게 가장 널리 읽힌 한글신문 《선봉》에 우리말 사용법과 정서법에 대한 권위 있는 논고들을 여러 차례 싣기도 했다.[15] 당시 어문학계의 지식인들은 주로 신문사

14 원동변강 인민교육부 과학방법 쏘베트, 『오창환문전』(1930), 2쪽.

15 리광, 「한자를 제한하면서 사전을 준비하자」(《선봉》 1931년 9월 18일) ; 리광 「라텐화 꼰페렌지야를 앞에 두고」(《선봉》 1931년 12월 4일) ; 리광 「교과서에

나 출판사의 주필로 일했는데 리광도 이 책을 출판한 원동국립출판부의 주필로 일했지 않을까 생각된다.

교정과 교열은 박창옥이라는 사람이 보았다. 모국어와 깊은 관련을 갖고 있다는 측면에서 그는 이 책이 출판된 1934년도 가을에 블라디보스토크 고려사범대학교 조선어문학부에 들어간 박창옥(朴昌玉)과 같은 사람이지 않을까 생각된다. 그는 어문학자 리광의 제자였거나 리광의 일을 돕다가 자연스럽게 모국어를 전공하는 길에 들어섰을 것으로 보인다. 박창옥은 대학 4학년으로 올라가던 1937년에 카자흐스탄으로 강제이주를 당했고 학교졸업 후 크즐오르다주 치일리구역에서 교육부장으로 일했다. 그리고 1946년경에 북한에 파견되어 북조선노동당 중앙위원회 선동선전부장, 당중앙위원회 부위원장, 당중앙위원회 정치국 위원을 거쳐 부수상까지 올랐다가 1960년에 숙청되었다.[16] 물론 전혀 다른 사람일 수도 있다.

이 책의 크기는 가로 12.4cm, 세로 17cm이다. 전체 지면은 112페이지인데 그중 109, 110페이지와 표지가 떨어져 나간 상태다. 1934년 2월 12일에 활자조판이 이루어졌고 같은 달 25일에 최종 인쇄 승인이 이루어져 출판에 들어갔다. 원고는 아마 1933년 말쯤에 완성되었지 않을까 생각된다. 원동국립출판부가 블라디보스토크 시내에 있는 인쇄소에서 3000부를 인쇄하여 발행했다.

있는 오판」(《선봉》 1932년 9월 22일)

16 정상진, 『아무르만에서 부르는 백조의 노래』(지식산업사, 2005), 57쪽.

2. 이 책의 저자와 그가 신문에 기고한 논고들

이 책의 저자인 양근원은 우두거우 마을《신세계》채소전문 집단농장의 농업기사다. 농업기사는 현대적인 용어로 말하면 농업에 대한 선진적이고 과학적인 지식을 갖춘 농업전문가라고 말할 수 있는데 아쉽게도 이 인물의 신상에 대해서는 전혀 알려진 바 없다. 다만 우리는 저자가 쓴 서언을 통해서 농업기사 양근원이 우두거우 마을《신세계》집단농장 청년학교에서 학생들에게 농업을 가르치며 실험농장의 실습을 통해 과학적 영농을 선도해나간 당대 고려인 선진인텔리 중 한 명이었을 거라는 사실만 추측할 수 있을 뿐이다.

다행히 그는 언론에 몇 편의 중요한 글을 남긴 바 있어 우리는 농업전문가 양근원의 지식기반과 위상을 조금 더 추적할 수 있다. 그는 1932년 6월부터 이듬해 6월까지《선봉》신문에 농업에 관한 비교적 긴 논고를 여러 차례 연재했다. 그의 기고문이 신문 지면을 차지하는 분량이나 횟수, 그리고 신문사 편집부가 그를 대하는 태도 등으로 미루어 당시 그는 연해주 고려인사회에 잘 알려진, 그리고 영향력 있는 선진 농업인이었음이 분명하다. 그 당시는 연해주 고려인 대다수가 농업에 종사하고 있었고 소련정부도 집단화와 계획경제를 통해 농업생산성을 올려야 하는 매우 중차대한 상황에 놓여있었던 까닭에 농업에 대한 그의 지식과 전문성은 연해주 전체 농업인들에게 매우 중요한 의미를 지니고 있었을 것이다. 그가 신문에 논고를 싣던 시기는 그가 집단농장 안에 만들어진 실험농장에서 채소재배 실험을 시작했던 시기와 겹친다. 저자는 자기가 터득하고 있던 기본지식 위에 실험을 진행하면서 얻은 통계를 더하여 당시 농업인들이 목말라하던 선진영농법을 신문에 자세히 제시했다.

이와 비슷한 시기에 《선봉》신문에 과학적 영농법에 대한 논고를 실은 농업전문가로는 양근원 외에도 전영식과 심약연이 있었다. 전영식은 륙성촌(러시아명은 뿌찔롭까)의 농업전문가로서 「농업을 과학적으로 발전시키자」라는 제목으로 1932년 2월 28일부터 3월 24일, 4월 2일까지 3회에 걸쳐 '식물과 표토, 비료의 사용법, 종자에 대하여, 파종법'이라는 소제목으로 나누어 주로 알곡작물 농사법에 대해 자세히 설명하고 있다. 그는 륙성촌 집단농장 청년학교에서 배운 지식으로 고려인 농업발전에 도움이 되고자 글을 기고하게 되었다는 머리말을 붙여놓았다.[17] 이미 언급한 바 있지만, 이 글을 통해서도 고려인 집단농장에 설립된 농민청년학교들이 고려인 농업에 상당히 의미 있는 역할을 했음을 확인할 수 있다.

또 다른 농업전문가 심약연은 당시 연해주 농촌에 어느 정도 기계화가 이루어져 영농방식이 대규모 농법으로 넘어갔음에도 불구하고 아직 수확고 향상에는 문제점이 상존하고 있다고 지적하고 이에 도움이 되기 위해 글을 기고하게 되었다고 고백하고 있다. 그리고 1932년 6월 16일, 22일 등 3회 이상에 걸쳐 「과학적 농업의 발전을 위하여」라는 제목 아래 종자의 품질과 그 재배에 대한 주제로 종자의 발아, 종자를 취급하는 방법, 종자의 발아에 요구되는 수분 등에 대한 상식을 독자들에게 조목조목 설명해주고 있다.[18]

---

17 전영식, 「농업을 과학적으로 발전시키자」(《선봉》 1932년 2월 28일, 3월 24일, 4월 2일)

그는 이미 1931년 12월에도 벼의 채종과 벼 종자 저장법, 그리고 콩과 옥수수 종자의 저장법에 대해 한 차례 논고를 실은 바 있다.[19]

이와 같은 사실에서 우리는 1930년대 초 연해주 고려인사회에 다양한 농업전문가들이 있었고 그들이 언론 등을 통해 매우 적극적으로 활동하고 있었음을 확인할 수 있다. 하지만 1931~1934년 사이에《선봉》신문에 농업관련 글을 기고한 전문가들 중 논고의 분량과 횟수에 있어서 양근원을 능가하는 인물은 아직 찾을 수 없다.

양근원은《선봉》신문에 3종의 농업관련 논고를 1년 동안 8차례에 걸쳐서 연재했다. 논고는 작게는 신문지면의 절반에서 크게는 한 면 전체를 다 차지할 정도로 비중 있게 취급되었다. 첫 번째 논고의 제목은「채소재배에 대한 일반적 상식」(부제: 채소종류의 수확 향상을 위하여)이며 1932년 6월 2일에 시작하여 같은 해 8월 18일, 8월 31일(추정. 8월 30일에서 9월 1일 사이에 나온 신문에 3회분 원고가 실렸는데 이 신문이 유실되었음), 그리고 11월 28일까지 총 4회에 걸쳐 연재되었다. 그는 6월 2일자 신문에 실은 첫 번째 원고의 첫머리에서 채소를 잘 재배하는 것이 결코 쉽지 않은 일임을 이렇게 언급하고 있다.

> "채소류에 대하여서는 보통 피낫(피난) 소속의 작물재배에 비하야 특별한 긔술상 조건이 붙는 까닭에 예정(예전)의 경험을 기초 삼은 원예적 긔술과, 작물배양에 대한 학술, 해충, 해독의 제거, 종묘, 저

18 심약연,「과학적 농업의 발전을 위하여」(《선봉》 1932년 6월 16일, 22일)

19 심약연,「농업에 과학적 긔술을 높이자」(《선봉》 1931년 12월 4일)

장 등의 긔술적 상식이 없고서는 언제든지 완전한 수확을 얻기 어려울 것이다”[20]

그리고는 씨뿌리기와 온상재배, 발열재료에 대한 설명을 이어간다. 또 구체적인 온상재배 방법으로 온상의 크기와 온상 만드는 시기, 발열재료를 넣는 방법과 시기, 물주는 방법과 때 등으로 나누어 독자들에게 자세한 해설을 해주고 있다. 이 내용들은 책 『채포업자의 지남』 본문에 나오는 해당부분과 거의 일치한다. 8월 18일자 신문에 내보낸 2회분 원고에서는 모를 옮기는데 주의할 점과 병해와 투쟁하는 여러 가지 방법을 논하고 있으며 구체적으로 모를 옮길 때 잘 생기는 입고병(立枯病), 근후병(根朽病), 균핵병(菌核病) 등과 같은 병균에 대해 설명하고 이를 퇴치하는 약물과 방법을 소개하고 있다.

이에 대해 《선봉》신문사 편집부는 1회분 원고가 실린 6월 2일자 신문에서, 저자에게 귀중한 원고를 보내준 데 대한 감사의 뜻을 표하고 앞으로도 농업발전을 위해 관련 글들을 계속 기고해줄 것을 부탁하면서 독자들 입장에서 뜻을 오해하거나 음을 혼동할 수 있는 문장이나 단어를 명확히 정리해 줄 것을 요청한다. 그리고 신문

20 채소재배의 어려움과 까다로움에 대해서는 이 신문의 다른 기사들에도 등장한다. “… 채마의 경작은 보통 농작물보다 높은 긔술을 요구하는 것이니 이것을 경작함에는 상당한 과학적 학리에 근거하여 토양의 성질, 긔후의 관게 등 자연현상을 잘 관찰하며 자연비료와 화학비료를 사용하는 법을 구체적으로 연구하여 여러 가지 긔술적 방면에 주의를 더하면서 농학긔사의 지도와 지방 교원들의 협조로써 제 시긔를 잃지 말고 파종, 제초, 수확하는 일에 좋은 성과를 달성하여야 할 것이다.”(「채마재배의 수확고를 위하여 사회적 주목을 한층 더 높이라!」(《선봉》 1933년 5월 7일))

사는 2회분 원고가 실린 8월 18일자 신문에서 이 요청에 대한 양근원의 답장을 받고 거기에 신문사 자체의 해석을 보충하여 독자들에게 지면을 따로 할애하여 부록으로 해설해주고 있다. 그중 '채소'와 '소채'의 뜻을 신문사는 다음과 같이 해석한다.

> "량근원 동무는 『채소』라는 말은 농학상으로 엽채류(葉菜類 – 닢사귀 나물)를 가르치는 것이고 『소채』라는 말은 근채류(根菜類 – 뿌럭지를 쓰는 채소)와 엽채류를 통칭하는 말이라고 하나 원래 채소라고 하면 근채류와 엽채류를 통칭하는 말로 쓰는 것이 조선에 공통된 말이며 『채소』라고 하는 것은 조선서 『채소』라고 불은 것을 일본서 『채소』라고 불으는 것이다. 그리고 일본서는 채소라고 쓰지도 않으며 또한 『소채』 이외의 딴 명칭도 얻어 볼 수 없다는 것을 독자와 량근원 동무에게 말하여 둔다."

첫 번째 논고의 3회분 원고가 실린 신문은 유실되어 확인할 수 없고, 4회분이 실린 11월 28일자 신문은 채소의 병충해와 그에 대한 대책, 그리고 비료의 성분과 사용법에 대해 자세히 설명하는 것으로 끝맺는다.

양근원의 두 번째 논고는 1932년 10월 6일과 10일, 2회에 걸쳐 「추경을 과학적으로 실시함은 명년도의 풍작을 보장함이다」라는 제목으로 《선봉》신문에 실렸다. 이 논고는 채소가 아닌 벼, 밀, 옥수수, 콩, 조, 감자 같은 알곡작물(또는 주식작물)을 심는데 필요한 추경을 어떻게 실시해야 하는가에 대한 내용이다. 이와 같은 사실에서 우리는 양근원이 채소만 다루는 전문가가 아니라 농작물 전반을 아우르는 농업전문가였음을 확인할 수 있다. 물론 당시는 학문이나 전문영역이 고도로 세분화, 전문화되어 있지 않았기 때문에 어떤 한 분야의 전문가가 그 분야 전반을 폭넓게 다루는 것이 일반적이었으므로 이것이 특별한 현상은 아니다. 그는 이 글에서 토양과 추경의 관계뿐만 아니라 해충을 제거하고 비료를 절약하는 방법 등에 대해서도 세밀하게 알려주고 있다.

1933년 5월 29일과 6월 7일, 2회에 걸쳐 신문에 실은 저자의 세 번째 논고는 「채마의 수확고를 높이기 위하여 집단농장 회원 및 개인 농민들이 긔억할 과학적 농업방식」이라는 제목이다. 제1회분은 감자를 심고 가꾸고 수확하는 방법에 대한 내용이고, 제2회분은 씨앗의 발아율과 양묘장에 대해서, 그리고 양배추를 비롯한 감자, 당근, 비트, 봄무, 배추, 순무, 노배, 오이, 호박, 파, 토마토, 강낭콩, 해바라기, 참외, 수박, 완두콩, 담배, 들깨, 삼, 가지 등 다양한 채소를 심는 방법에 대한 것으로, 기고자 양근원은 독자들에게 도표까지 곁들여서 상세하고도 친절하게 해설해준다.

이미 언급한 바와 같이 채소재배에 대한 제반사항을 다룬 저자의 첫 번째 신문 기고문과 세 번째 기고문은 책 『채포업자의 지남』에 나오는 해당부분과 내용이 매우 흡사하다. 저자가 신문사에 글을 기고하던 시기는 실험농장에서 학생들과 실습을 하면서 실제경험을 축적해나가던 때였다. 두말할 것 없이 그 글들은 저자가 실험과정 중에 집필했으며 그것을 모으고 정리하여 1934년 초에 채소재배의 개론서라 할 수 있는 『채포업자의 지남』으로 묶어냈던 것이다. 이 책의 저자가 당시 고려인의 대표적인 언론매체인 《선봉》 신문에 권위 있는 논고를 여러 차례 실은 것으로 보아 그는 당대 최고의 농업전문가 중 한 명이었음은 의심의 여지가 없다.

3. 연해주 내전과 우두거우 마을의 약사

이 책이 탄생한 모태가 된《신세계》채소전문 집단농장 실험농장은 우두거우 마을에 자리하고 있었다. 우두거우 마을은 연해주 해삼위(해삼구역) 수이푼 강변에 있는 고려인촌[21]으로 한반도에서 이주해온 고려인들이 오래 전부터 터를 잡고 살아온 전형적인 한인촌락 중 하나였다. 이 마을의 규모나 인구에 대해서는 자세히 알려져 있지 않지만 나중에《신세계》와《소베트 조선》과《공생》이라는 세 개의 집단농장이 들어서고 거기에 청년학교가 세워졌으며 실험농장까지 설치된 것으로 보아 결코 규모가 작은 편은 아니었던 것으로 보인다.[22]

이 마을의 거주민들은 연해주의 다른 모든 고려인마을 사람들처럼 전통적인 방식으로 농사를 지으며 살아왔다. 그러다가 1923년부터 시작하여 1925~1926년에 기존의 제도와 생활양식이 완전히 바뀌는 변화를 겪는다. 소련정부가 전통적인 농촌을 공산주의식 집단농장으로 대대적으로 개편했기 때문이다.[23] 이는 주민들에게

21 해삼구역은 나중에 행정구역 개편으로 구역이 없어지고 해삼시만 남기도 했다. 우두거우 마을 역시 소속 구역이 달라졌다. 우두거우는 중국식 지명이며 당시 연해주 일대 대부분이 예전부터 쓰이던 중국식 지명을 쓰고 있었다. 물론 개척리, 신한촌, 골방나루 등 고려인들이 이주하여 새로 붙인 지명도 매우 많았다.(「각 구역에 있는 집단농장들의 파종진행은 어떠한가?」(《선봉》 1932년 7월 8일))

22 고려인 역사학자 김승화는 황원호가《공산》집단농장을 세워 지도했다고 말하고 있으나 당시 연해주에서 발행된《선봉》신문은 그가《신세계》집단농장을 조직해 활동했으며, 리중집이《공생》조합을 설립했다고 기록하고 있다.(Ким Сын Хва, 『Очерки по истории советских Корейцев』(Алма-Ата, Издательство 《Наука》, 1965), с. 158 ; 「황원호 동무를 곡함」(《선봉》 1932년 8월 12일) ; 「리중집 동무의 간단한 리력」(《선봉》 1933년 11월 7일))

이전과는 완전히 다른 생활양식과 관례를 수용하도록 강제했다. 이 같은 혁명적인 변화는 1922년에 연해주 내전이 끝나면서부터 시작되었다. 우두거우 마을의 《신세계》 채소전문 집단농장 역시 내전의 결과로 태어난 산물이었다.

연해주 내전은 공산주의 혁명세력인 적군과 구 러시아황제 세력을 비롯한 반혁명 세력인 백군이 연해주 지역을 장악하기 위해 4년간 치열하게 벌인 싸움을 말한다. 1917년 10월에 일어난 사회주의 혁명이 내전의 발단이었다. 혁명으로 제정러시아가 전복되자 미국, 영국, 프랑스, 일본은 신생 소비에트 국가를 몰아내고 구체제를 복구시키기 위해 1918년 1월에 블라디보스토크에 무장간섭군을 파견하였다. 그리고 이 국가들은 반혁명 세력으로 구성된 군대, 즉 백파군대(백군)를 지원하여 시베리아 동부를 장악하고자 했다. 이로 인해 적군과 백군 사이에 밀고 밀리는 치열한 전투가 벌어졌던 것이다. 나중에 정세가 변하자 유럽 국가들은 1920년에 군대를 철수시켰으나 일본만은 이를 거부하고 무력간섭을 계속해나갔다.[24]

연해주 고려인사회는 즉각 적군을 지지하고 나섰다. 고려인들이

23 고려인 마을들은 1923년에 최초로 농업조합과 어업조합들이 만들어짐으로써 집단화가 시작되었고 집단화는 1925~1926년에 가속되었다.(Ким Сын Хва, 『Очерки по истории советских Корейцев』(Алма-Ата, Издательство 《Наука》, 1965), сс. 161~162)

24 이 과정에서 극동공화국이 만들어졌다. 극동공화국은 일본군이 시베리아에 출병하자 1920년에 소비에트 러시아와 일본의 완충국으로 세워졌다가 일제가 물러간 뒤 1922년 11월 14일에 해체를 선언하고 소련연방에 귀속되었다.(Ким Сын Хва, 『Очерки по истории советских Корейцев』(Алма-Ата, Издательство 《Наука》, 1965), с. 137 ; 김승화 「쏘베트 정권수립을 위한 투쟁에서의 조선인 근로자들」(《레닌기치》 1967년 1월 7일))

적군을 지지한 가장 중요한 이유 중 하나는 적군이 바로 일본과 맞서 싸우고 있었기 때문이었다. 연해주 고려인에게는 일본과 우호적인 집단은 적대세력이었고 일본과 적대적인 집단은 반드시 협력해야 할 파트너였다. 다수의 고려인들은 빨치산 군대를 조직하고 적군과 연합해서 용맹하게 일본과 싸웠다. 곧 고려인 빨치산들은 러시아 백군과 일본군 사이에서 가장 큰 두려움의 대상으로 떠올랐다.[25] 그때 널리 용맹을 떨친 고려인빨치산 부대 중에 솔밭관부대도 있었는데 이 부대는 나중에 우두거우 마을과 깊은 인연을 맺게 된다.

4년을 끌던 연해주 내전은 1922년 말에 일본군이 철수하면서 막을 내렸다. 소련정부는 서둘러 고려인 빨치산부대를 해체하고 무장을 해제시켰다. 당시 상당수 고려인들은 한반도에서까지 일본세력을 완전히 몰아내야 전쟁이 끝나는 것으로 인식했지만 소련정부는 이미 종전된 마당에 무장한 고려인을 그냥 두지 않았다. 뜻밖에 무장해제를 당한 고려인들은 뿔뿔이 흩어졌는데, 그때 다수의 빨치산 지휘자나 사회계 인사들이 고려인 집단농장의 조직자나 지도자로 투입되었다. 우두거우 마을로는 1923년 9월경에 솔밭관부대

25 고려인 빨치산들의 영웅적이고도 전설적인 투쟁의 극적인 부분에 대해서는 『십월혁명 십주년과 쏘베트 고려민족』(블라디보스토크, 1927년), 77쪽 ; 보리스 박·니콜라이 부가이 지음, 김광한·이백용 옮김, 『러시아에서의 140년간』(시대정신, 2004년), 211~212쪽 ; 김경천, 『경천아일록』(학고방, 2012), 127~130, 132쪽 ; 전동혁, 「박령감」(《레닌기치》 1967년 11월 8일) 등 헤아릴 수 없이 많은 기록들이 있다. 1919~1922년 당시 일본과 싸우기 위해 조직된 고려인 빨치산 부대만 36개 부대에 3,700명이었다. 또 250명의 고려인은 러시아 빨치산 부대에 소속되어 있었다.(Ким Сын Хва, 『Очерки по истории советских Корейцев』(Алма-Ата, Издательство 《Наука》, 1965), с. 103)

의 주요 지휘자였던 황원호,[26] 최춘선, 리중집, 서상묵 등이 일단의 빨치산 대원들을 이끌고 들어가《신세계》집단농장을 조직했다.[27] 황원호는 초대회장을 맡아 1932년까지 근 10년을《신세계》집단농장를 이끌다가 사망했고[28] 그의 뒤를 이어 최춘선, 리중집, 서상묵 등이 이 집단농장를 지도해나갔다.[29]

이처럼 우두거우 마을《신세계》집단농장는 이름난 노장 애국투사들이 설립하여 지도한 조합이었다. 그런 만큼 일반 집단농상원들은 그들로부터 적지 않은 영향을 받았다. 하지만 더 정확한 진실을 이야기하자면 그들은 영향을 받고 말고 할 것도 없이 지도자들과 오래 전부터 동지적 관계에 있었다. 모든 고려인 빨치산 부대들이 내전기간 내내 각 지역 고려인 주민들이 의연한 식료와 의복

---

26 황원호는 1904년부터 1919년까지 한반도의 독립을 위해 줄기차게 항일투쟁을 전개하다가 1920년에 솔발관 고려인 빨치산부대에 들어가 연해주 내전이 끝날 때까지 일본군과 싸운 노장 투사였다.(십월혁명 십주년과 소베트 고려민족(1927년), 63~69쪽 ; 「황원호 동무를 곡함」(《선봉》 1932년 8월 12일))

27 「리중집 동무의 간단한 리력」(《선봉》 1933년 11월 7일) ; М. Т. КИМ 『Корейские интернационалисты в борьбе за власть Советов на Дальнем Востоке(1918-1922)』(москва, издательство наука, 1979), сс. 86~87.

솔밭관부대는 1919년 11월에 소왕령 수이푼, 십어창, 다부히에서 활동하던 리제, 리중집, 유해상, 최찬식, 최수송, 김병국 등 16명의 군인들이 군대를 조직한 것이 그 시초였다. 처음 이 군대 명칭은 "우리 동무군인"이었는데 나중에 "솔밭관 공산당 군대"로 명칭을 바꿔 이 이름이 널리 알려졌다.(『십월혁명 십주년과 소베트 고려민족』(1927년), 63~69쪽 ; 리제 「이전의 붉은 빨찌산 리제동무의 회상담」(《선봉》 1932년 11월 10일) ; 「영예의 상장과 시상을 받은 붉은 빨찌산 동무들」(《선봉》신문 1932년 12월 26일) ; 「이중집 동무의 간단한 리력」(《선봉》 1933년 11월 7일) ; 강상호 「력사의 토막. 솔밭관 빠르찌산 부대」(《레닌기치》 1990년 4월 3일))

28 「황원호 동무를 곡함」(《선봉》 1932년 8월 12일)

29 「영예의 상장과 시상을 받은 붉은 빨찌산 동무들」(《선봉》 1932년 12월 26일)

과 처소와 의연금에 전적으로 의존하며 지냈기 때문이다.[30] 이 집단농장의 경우 전시의 애국심이 평화 시에 긍정적인 방향으로 흘러 개척정신과 실험정신으로 전환되었다. 이 농장에 청년학교와 실험농장이 세워지고 선진적인 영농법이 선구적으로 연구된 것이 그 예증이다. 이 집단농장는 채소재배 전문농장이었다. 그렇다고 이 농장이 채소만 재배했던 것은 아니고 벼를 비롯한 다른 알곡작물도 다양하게 재배했지만 특별히 채소작물을 특화하여 재배했고 채소수확을 올리기 위해 다각도로 과학적인 재배방법을 연구했다.

이 농장이 채소재배 전문 집단농장로 더욱 알려지게 된 것은, 당시 연해주에 채소가 매우 부족했던 상황과 깊은 관련이 있었던 것 같다. 채소부족의 첫 번째 이유는 영농방법의 잘못에 있었고, 둘째로는 연해주 인구의 다수를 차지한 고려인들이 채소재배를 일종의 부업으로 생각하고 대규모로 경작하지 않은 데에 있었다. 채소가 부족해지자 블라디보스토크를 비롯한 인근 지역에서 채소에 대한 수요가 가파르게 상승했고 그러자 고려인 집단농장들은 채소 다수확에 큰 관심을 기울여야 할 상황에 처하게 되었다. 그런데 《신세계》 집단농장는 연해주 중심도시인 블라디보스토크(해삼) 인근에 자리하고 있어서 도시에 공급할 채소를 대량으로 생산해야 할 과제를 다른 집단농장들보다 훨씬 무겁게 안고 있었다. 이러한 사회경제적 배경 하에서 이 집단농장는 실험농장을 만들고 과학적 채소재배방법을 연구해 보급하는 채소전문농장으로 거듭나게 되었던 것으로 보인다. 그때 맺은 무형의 결실 중 하나가 바로 이 채소

30 김승화, 「쏘베트 정권수립을 위한 투쟁에서의 조선인 근로자들」(《레닌기치》 1967년 1월 7일)

재배방법 지침서라 할 수 있을 것이다.

한편 이 집단농장의 채소재배방법의 발전에는 거기에 세워진 청년학교가 큰 역할을 했을 것으로 생각된다. 모든 실험실습은 장차 농업전문가가 될 청년학생들의 노동과 현장실습으로 이루어지므로 이와 같은 청년학교가 없었다면 실험농장은 설립과 운영 자체가 불가능했을 것이다.[31] 1920~30년대에 연해주 일대 여러 고려인 마을에 청년학교가 들어섰었다. 그리고 이 학교들은 장래 인재들을 키워내는 산실로 자리 잡았다. 한반도에서 망명해 들어간 다수의 지사와 인텔리들이 큰 도시에서 일할 수 있는 자리가 마땅치 않아 시골 청년학교로 들어가 교사로 일했기 때문이다. 그들은 계몽의 등불을 밝히고 후세들에게 항일의식과 독립정신을 함양시켜주었다.[32]

1930년대 초반 《신세계》 집단농장는 다른 여러 조합들과 마찬가지로 연해주에 조금씩 자리를 잡아가던 기계화의 영향을 받아 대량생산체제로 전환되고 있었다. 그 과정에서 '긔게-뜨락또르 지정소(MTC 자동차-트랙터 보급소)'라는 기관이 생겨나 각 집단농장나 쏩호즈에 농기계를 공급해주었다. 집단화 된 농장에서 자동차-트랙터 보급소는 농작물을 내량생산하는네 필수적으로 요구되는 기관이었다. 물론 1930년대 초반은 기계화의 초기단계라서 농기계 절대량이 부족하여 파종이나 수확에 자주 차질을 빚곤 했

31 「추수의 결과를 통계하자」(《선봉》 1931년 11월 14일)

32 1928년 7월에 소련으로 망명한 문사 조명희가 륙성촌농민청년학교에서 여러 고려인 미래 한글문학작가들을 길러낸 일은 대표적인 사례로 널리 알려진 사실이다.(정상진, 『아무르만에서 부르는 백조의 노래』(지식산업사, 2005년), 188~189쪽))

지만 연해주의 트랙터 숫자가 1931년에 979대, 1932년에 1157대, 1933년에 1254대로 계속 늘면서 차차 개선되어 갔다.[33] 그러자 공산당원동변강위원회와 원동변강소비에트집행위원회는 농민에게 기술교육을 실시할 것을 결정했고 이에 따라 블라디보스토크, 니꼴스크-우수리스크, 하바롭스크, 뽀시예트, 수찬구역 등에서는 수백 명의 고려인이 자동차-트랙터 운전기사 연수를 받기도 했다.[34] 《신세계》 집단농장는 대도시 인근에 있었기 때문에 자동차-트랙터 보급소의 혜택을 먼저 받는 입장에 있었고 그래서 변방에 있는 집단농장들보다 대량생산체제를 더 일찍 갖추어나간 것으로 보인다.[35]

당시 해삼구역 우두거우 마을 《신세계》 집단농장의 작물재배 면적과 노동인구를 살펴보면, 1932년 3월에 이 집단농장의 노동자가 186명이었고 작물 총파종지는 518헥타르였다. 《신세계》 집단농장는 이중에서 감자 120, 벼 70, 옥수수 2, 콩 15헥타르를 재배하고 나머지 311헥타르에는 채소전문 집단농장답게 다양한 종류의 채소를 심을 계획을 갖고 있었다. 온상과 냉상에 소용될 비료는 600톤으로 예상하고 있었다.[36] 이로 미루어 《신세계》 집단농장 전체

---

33 「추경에 대한 당 중앙간부의 결정을 십월혁명 14주년 전에 실행하기로 맹서하자」(《선봉》 1931년 10월 30일) ; 「농촌경리에서 얻은 성과들은 사회주의 승리를 결정한다(농촌경리의 장성과 고려인 로력농민들의 과거와 현재」(《선봉》 1933년 11월 7일) ; Ким Сын Хва, 『Очерки по истории советских Корейцев』(Алма-Ата, Издательство 《Наука》, 1965), сс. 155, 161, 174.

34 「꼴호즈들과 개인경리들의 1934년 춘긔파종 준비에 대하여」(《선봉》 1934년 1월 19일) ; Ким Сын Хва, 『Очерки по истории советских Корейцев』(Алма-Ата, Издательство 《Наука》, 1965), с. 181.

35 「추경은 계속되엿다」(《선봉》 1931년 11월 14일)

인구는, 당시 집집마다 아동이 많았던 점을 고려하면 400~500명 정도에 이르렀을 것으로 추정된다. 그런데 1932년 당해에 이 집단농장는 무슨 이유에서인지 애초의 경작계획과 달리 벼를 70헥타르가 아닌 60헥타르만 파종하고 남은 10헥타르에는 귀리를 심었다. 그러자 그해 7월에 해삼구역에서 파종전권위원으로 파견 나온 김만겸이 귀리가 자란 밭을 밀어버리고 그 자리에 예정대로 벼를 심게 해 집단농장원들의 불만과 원성이 제기되기도 했었다.[37] 이듬해 4월에는 《신세계》 집단농장이 파종준비를 제대로 못하여 사회계로부터 큰 질책을 받기도 했다. 그러나 그 다음 연도(1934년)에는 파종준비를 계획보다 앞당겨 진행하고 있다는 칭찬을 들은 것으로 보아 전년도의 파종과 수확도 큰 차질 없이 애초의 계획대로 무난히 이행한 것으로 보인다.[38]

4. 간략한 재소고려인 재배농작물 변천사

통시적으로 짧지 않고 지리적으로 광범위하고 민족적으로 복잡하게 얽힌 재소고려인들의 재배농작물 변천사를 단 몇 페이지로 요약하는 것은 불기능할 뿐만 이니리 위험히고 주제넘은 짓이기도 하다. 그럼에도 불구하고 이 책이 나온 전반적 배경을 개략적으로나마 이해하기 위해서는 재소고려인 농업전반을 거칠게라도 한번

36 「꼴호즈 “새세게”의 파종준비」(《선봉》 1932년 3월 22일)

37 「이럴 수가 있을가?」(《선봉》 1932년 7월 22일)

38 「“새세게”꼴호즈의 파종준비는 위험천만. 용감한 활동으로 난관들을 극복하자」(《선봉》 1933년 4월 25일) ; 「파종준비를 힘있게 진행하는 꼴호즈들」(《선봉》 1934년 1월 5일)

훑어보는 것이 필요하다고 생각된다.[39]

노령 연해주에 고려인(당시에는 조선인)이 처음 나타난 것은 1863년이다.[40] 원인은 당시 한반도 북부지역에 든 대기근과 수시로

---

39 초기 고려인이민자들이 재배한 농작물에 대해서는 참고할 자료가 매우 희귀한 편이다. 다행히 19세기말에 발행된 책『다채로운 러시아』[П. П. Семенова『Живописная россія. Отечество наше въ его земельномъ, историческомъ, племенномъ, экономическомъ и бытовомъ значеніи』 томъ двѢнадцатый. Часть вторая.「Восточныя окраины россіи. Приморская и амурская области」(С-Петербургъ - Москва, Изданіе товарищества М. О. Вольфъ, 1895) 이하 П. П. Семенова,『Живописная россія』 томъ двѢнадцатый. Часть вторая로 표기]에 초기 고려인 농업관련 내용이 있어 그 부분들(347~351쪽, 375~378쪽, 419~424쪽)을 참조, 요약하였고, 1900년부터 1937년까지의 농업에 대해서는 1923년 블라디보스토크에서 창간되어 계속 발행된《선봉》신문과, 강제이주 이후 최초의 고려인 역사 연구서인 김승화의 책『소비에트 고려인 역사개관』[Ким Сын Хва,『Очерки по истории советских Корейцев』(Алма-Ата, Издательство《Наука》, 1965)] 137~192쪽의 기록에 주로 의존했다. 강제이주 이후의 농업에 대해서는 재소고려인 신문 《레닌기치》(1938~1990년) 및 《고려일보》(1991~현재), 1946년에 알마아타 기록영화제작소에서 만든 다큐필름『선봉(고려인 꼴호즈)』[Алма-Атинская кино-студия(Сектор хроники)『Сен Бонг(Корейский колхоз "Авангард")』(1946)], 카자흐스탄 고려인 송 라브렌찌 영화감독이 만든 다큐 필름『실험농장』[Л. Д. Сон,『Опытное хозяйство』(1990)]을 참고하여 요약했다. 특히 강제이주 이후의 농업분야는 공시적, 통시적으로 너무 방대하여 짧은 지면에 다룰 수가 없으므로 정리자가 벼, 옥수수, 양파 3가지 분야로 축소하고 그 중에서도 대표적인 한두 가지 사례만 자의적으로 선별하였음을 밝혀둔다.

40 1864년에 노브고르드스키 국경초소 책임자가 연해주 군관구장에게 올린 보고서에는 1863년에 지신허 강변에 고려인 13가구가 건너와 부지런히 농사를 짓고 있으니 곡물을 팔 수 있게 허락해달라는 요청이 씌어 있다. 이것을 근거로 지금까지는 연해주에 한인이 처음 나타난 시기를 1863년 혹은 1864년으로 보고 있다(М. П. Пуцилло,『Опыть русско-корейского словаря』(С-Петербургъ, 1874), с. 4 ; 고송무,『쏘련의 한인들(고려사람』(1989), 11쪽 ; 채유리,「민족성을 지켜온 신문(고려일보창간 80주년기념화보집 글」(Алматы, 2003년) ; 김병학·김 콘스탄틴,「선봉 - 레닌기치 - 고려일보(고려일보창간 90주년기념화보집 글)」(Алматы, 2013년)). 한편 1895년에 출판된『다채로운 러

자행된 관리의 수탈과 학정 때문이었다. 이후 고려인 이주민은 줄을 이었고 급기야 이 현상은 노령 연해주와 조선에 정치사회적 문제로 대두되기에 이른다. 이에 러시아 연해주 국경수비대장 뜨루베쯔키(Трубецкий)와 조선 국경수비대장은 1869년에 만나 조약을 맺고 이민을 통제하기로 합의하였다.[41] 그럼에도 불구하고 한반도에서 기근과 관리들의 학정이 그치지 않아 고려인의 소련이주는 계속되었다.

최초의 고려인 이주민들은 1871년에 한반도와 국경지대인 뽀시예트만에서 아무르주로 들어가 블라고슬로벤노예(사만리)라는 마을에 정착했다.[42] 이후 큰 이주민 물결은 계속 밀려들었고 다시 일제의 조선강제합병 이후에는 일반 서민은 물론, 지식인과 항일애국지사들까지 대거 연해주로 넘어갔다. 그리하여 1917년에는 노령 고려인 수가 10만에서 13만 명,[43] 1927년에 17만 명,[44] 1931년 1월

시아』에는 1861년부터 이주가 시작되었다고 기록하고 있다.(П. П. Семенова, 『Живописная россія』 томъ двѣнадцатый. Часть вторая. с. 419)

41 그때 조선 측에서 문서를 작성했으며 러시아 측에서는 그것을 번역해서 공표했다. 그 내용은 다음과 같다. "현재 우리나라의 많은 백성이 흉작으로 인해 국경을 넘어 당신네 나라로 이주했다. 이제 그들은 돌아오고 싶어 하고 있고 러시아에서도 그들을 내쫓고 있다. 만일 그들이 돌아온다면 나는 그 누구도 처벌하지 않고 잘 받아들일 것을 약속한다. 그리고 앞으로는 전력을 다해서 우리 백성이 국경을 넘어 러시아로 들어가는 것을 방지하겠다. 同治 8년 12월 23일"(П. П. Семенова, 『Живописная россія』 томъ двѣнадцатый. Часть вторая. сс. 421~422)

42 П. П. Семенова, 『Живописная россія』 томъ двѣнадцатый. Часть вторая. с. 347.

43 김승화, 「쏘베트 정권수립을 위한 투쟁에서의 조선인 근로자들」(《레닌기치》 1967년 1월 6일) ; Б. Д. Пак, 『Корейцы в Советской России』(Иркутск, 1995) с. 10.

44 고송무, 『쏘련의 한인들(고려사람)』(1989) 13쪽.

에는 연해주에 이미 19만 9천 500명 이상이 거주하고 있었다.[45] 강제이주 직전에는 30만에 육박했을 것으로 보인다. 블라디보스토크나 하바롭스크 같은 도시에서 거주한 일부를 제외한 대부분의 고려인은 각 지역 농촌이나 어촌 집단농장에서 생업에 종사했다.

최초의 고려인 이주민들은 텃밭에 맥곡류와 야채를 심었다. 맥곡류 중에서는 기장, 조, 피를 가장 많이 재배했고 그 다음으로 밀, 보리, 귀리, 옥수수, 메밀, 감자, 강낭콩, 완두콩, 배추, 파, 마늘, 무, 오이, 호박, 가지 등을 재배했다. 대마, 참깨, 수수도 재배했는데 많이 심지는 않았다.[46] 기장이나 조나 피 같이 낟알이 작고 노란 알곡을 당시 고려들은 부다[47]작물이라고 불렀고 이를 주식으로 삼았다. 나아가 고려인들은 이 알곡들을 더 세분하여 각각에 명칭을 부여했는데, 기장은 '봄갈이 부다', 조는 '흰 부다', 피는 '검은 부다'라고 하였다.[48] 벼농사는 시작되지 않았고 나중에 벼농사가 시작된 뒤에도 재배면적이 널리 확장되지 않아 이 부다 작물은 연해주 고려인들에게 오랫동안 주식으로 남아있었다.[49] 러시아인들에게는 고려

45 ГАХК, Ф П-2, оп.11, д.233 лл.6-11.

46 П. П. Семенова, 『Живописная россія』 томъ двѣнадцатый. Часть вторая. с. 348.

47 '부다'는 부대(不大)의 중국식 발음으로 당시 고려인과 중국인이 공통적으로 이 작물들을 가리키는데 사용했던 것 같다.

48 П. П. Семенова, 『Живописная россія』 томъ двѣнадцатый. Часть вторая. с. 376.

49 강제이주 1세대 고려인 대부분은 연해주 거주시기에 조를 주식으로 먹었다고 증언하고 있다. 1세대 고려인으로 고려인 역사에 대해 많은 증언을 남긴 강상호는 연해주 내전기간인 1921년에 흉년이 들자 고려인 빨치산 부대 중 하나인 솔밭관 부대가 부촌에서 좁쌀 천 석을 식량으로 조달했던 사실도 언급하고 있다.(강상호, 「력사의 토막. 솔밭관 빠르찌산 부대」(《레닌기치》 1990년 4월 3일))

인들이 조를 주식으로 삼는 것이 특이하게 보여 일부 러시아인들은 고려인을 아예 "추미자"라는 별칭으로 부르기도 했다.[50]

초기 이주민들에게 부다작물 다음으로 중요한 것은 콩작물이었다.[51] 러시아인과 달리 당시 고려인들은 거의 고기를 먹지 않았고 우유는 아예 마시지 않았기 때문에[52] 콩작물은 주요 단백질 공급원이었다. 콩은 두부, 장, 된장 등으로 변형, 발효되어 고려인들의 밥상에 주요 먹거리로 올랐다.[53] 한편 1890년대 초반까지 초기 고려인 이주민들이 재배한 작물 중에서 귀리는 유일하게 하바롭스크로 출하되어 고려인 가정의 재정에 보탬이 되었다.[54] 그리고 그 즈음부터 블라디보스토크로 나가 채소를 판매하는 고려인도 나타나기 시작했다.[55]

또 당시 초기 고려인 이주민들은 밭작물을 재배할 때 해마다 이랑과 고랑을 바꿔가며 재배하는, 그루바꿈이라 부르는 윤작법을

50 П. П. Семенова, 『Живописная россія』 томъ двѣнадцатый. Часть вторая. с. 348 ; 추미자(Чумиза)는 '조'를 뜻하는 러시아어인데 아마 중국어 발음을 음차한 것으로 보인다. 김두칠의 시에는 "…… / 이전엔 조선사람이란 / 이름조차 없었고 / 그저 "추미자"라고 불렀다. / ……"라는 표현이 등장하고 있다.(김두칠 장편서사시, 「송림동 사람들」(《레닌기치》 1974년 12월 25일)

51 П. П. Семенова, 『Живописная россія』 томъ двѣнадцатый. Часть вторая. с. 376.

52 당시 고려인들은 노동력을 제공해주는 가축을 잡아먹는 것을 죄로 여겨 소를 오직 노동력으로만 사용했으며 버터와 우유를 먹는 것까지도 금했다. 대신 돼지와 다른 야생동물은 식용했다.(П. П. Семенова, 『Живописная россія』 с. 348, с. 375, с. 424)

53 П. П. Семенова, 『Живописная россія』 томъ двѣнадцатый. Часть вторая. сс. 376~377.

54 Там же, с. 349.

55 Там же, с. 424.

실시했다. 이는 당시 러시아 학자들 눈에 대단히 경이롭게 보였다. 고랑과 이랑에 작물을 번갈이 심음으로써 지력을 고루 유지시키고 작물들을 균형 있게 재배하는 고려인들의 영농법이 대단히 과학적인 토대 위에 있었기 때문이다. 러시아 학자들은 당시 연해주에 살던 러시아 카자크인, 중국인 등 다른 어느 민족들보다 고려인이 농사를 합리적, 과학적, 예술적으로 지었다고 기록하고 있다. 그들의 기록에 의하면 고려인들은 집을 가운데 두고 빙 둘러 넓게 밭을 만들고 그 밭에 각종 작물을 심었는데 매 작물, 매 이랑마다 김매기, 순치기, 북돋기 등을 조화롭고 완벽하게 잘 해놓고 있어서 그것은 단순한 농업이라기보다 마치 하나의 예술처럼 보인다고 찬사를 보내고 있다.[56] 또 러시아 학자들은 농사와 살림을 경영하는데 있어서 고려인이 러시아인보다 훨씬 기초가 탄탄하고 뿌리를 깊숙이 내리고 있어서 그것이 고려인들의 모든 생활양식에 독자성을 더해준다고 기록하고 있다.[57]

벼농사는 1900년 무렵에 들어와서야 시작 된 것으로 보인다. 개인적으로 텃밭이나 사유지에 조그만 논을 만들고 벼농사를 시작한 것이 그 시초다. 1905년에는 이미 연해주에 고려인 일부가 벼농사를 짓고 있음이 알려졌다.[58] 그러나 널리 보급되지는 못하고 미미한 규모로만 재배되다가 소비에트 혁명정부가 수립된 이후부터 집단화된 농장을 통해 집약적으로 재배되기 시작했다.[59] 벼농사는 고

56 Там же, сс. 377~378.

57 Там же, с. 349.

58 Ким Сын Хва, 『Очерки по истории советских Корейцев』(Алма-Ата, Издательство 《Наука》, 1965), сс. 181~182.

려인의 전유물이었다. 왜냐하면 벼농사는 밭작물에 비해 짓기가 까다롭고 손이 많이 가는 일이라서[60] 이 일에 익숙하지 못한 러시아인이나 중국인들이 아예 손을 댈 엄두조차 못 냈기 때문이었다. 1928년 연해주 인구조사에 의하면 11,378명이 벼농사에 종사하고 있었는데 그중 러시아인이 1196명, 중국인이 6명이고 나머지는 모두 고려인이었다. 개인적으로 벼농사를 짓는 러시아인은 아예 없었다.[61]

연해주에서 벼농사가 바로 시작되지 못한 것은 연해주의 기후와 토질이 벼의 재배와 생장에 적합하지 않았기 때문이다. 또 초기 이주민들이 이주 이전에 함경북도 북부지역 산간에서 밭작물을 심거나 화전을 일구며 살아왔던 까닭에 벼 재배방법을 몰라 이주지에서 아예 벼농사 짓기를 시도조차 하지 않았기 때문이다. 그러다가 연해주 이주민이 늘고 그들 중에 벼농사를 짓고 살다 건너온 이들이 생겨나면서, 또 연해주에서 벼농사가 가능한 기후와 토양을 갖춘 지역을 찾아내게 됨에 따라 벼농사가 조금씩 시작되었다. 이로 인해 한반도에 있던 벼농사의 북방한계선이 연해주로 올라가게 되었다.

이후 벼농사지대는 꾸준히 늘어 1920년대 이후에는 벼가 연해주에서 생산되는 주요 알곡작물 중 하나가 되었다. 특히 소련정부가 1928년에 《달리스》(극동의 벼)라는 고려인 벼농사 전문 집단농장를 조직해 재배 면적을 널리 확대하고 관심을 기울인 결과 연해주

59 Там же, с. 182.

60 Там же, с. 157.

61 『Экономика Дальнего Востока』(Хабаровск, 1936), с. 371.

에서 생산되는 곡물 중에서 벼가 차지하는 비중이 크게 늘었다.[62] 그렇지만 연해주 기후와 토양의 제약 때문에 벼농사 지역은 연해주 전역으로 확대되지 못하고 주로 수원이 풍부한 한까호수와 시호테-알린 분지 동서남면 근방으로 국한되었다. 1930년대에 들어와서는 재배지가 아무르 강을 따라 북상하여 블라고베쉔스크시에까지 이르렀다.[63] 그렇지만 쌀의 절대량은 여전히 부족하여 그때까지도 일반 고려인의 주식으로 밥상에 오르지 못했고 강제이주 이전까지의 주식은 여전히 조와 수수로 남아있었다.

1937년에는 강제이주가 이루어졌다. 스탈린이 자행한 강제이주는 고려인들의 삶을 송두리째 바꿔버렸고, 그들의 일상생활과 사회문화 전반에 극심한 변화를 초래했다. 강요된 변화는 농업분야에도 광범위하게 일어났다. 고려인들이 이주된 중앙아시아는 기후와 토양이 한반도나 연해주와는 상당히 다르고도 낯선 곳이었다. 일단 재배작물과 재배규모에서 커다란 변화가 일어났다.

첫째로 중앙아시아는 영토가 넓고 벼농사 짓기에 적합한 지역이 많아 벼농사가 널리 확대되는 결과를 낳았다. 강제이주 이후 몇 년 지나지 않아 카자흐스탄 서부도시 크즐오르다에 자리 잡은 《선봉》 집단농장와 우즈베키스탄 타쉬켄트 근교에 터를 잡은 여러 고려인 집단농장 등지에서 벼 재배가 크게 성공했고 벼 재배지는 곧 다른 여러 지역으로도 확대되었다. 특히 고려인 최초강제이주지인 카자흐스탄 동부 우스또베는 겨울이 혹독하게 춥고 긴데도 불구하고

62 Ким Сын Хва, 『Очерки по истории советских Корейцев』(Алма-Ата, Издательство 《Наука》, 1965), с. 182.

63 Там же, с. 183.

벼를 직파하는 방법으로 벼농사를 성공시켰다. 이 지역은 지금까지도 세계벼농사의 북방한계선으로 남아있다.

여기서 한 가지 언급해야 할 점은 고려인이 강제이주를 당하기 9년 전인 1928년에 이미 카자흐스탄 크즐오르다에 《카즈리스》(카자흐 벼)라는 벼 재배 집단농장가 만들어져 있었다는 사실이다.[64] 소련정부는 일찍부터 광대한 카자흐스탄 영토를 개간하여 나라의 식량문제를 해결하고자 했고 그 과정에서 어느 민족보다 농사에 탁월한 능력을 가진 연해주 고려인을 눈여겨보다가 1920년대 중반에 수백 명의 고려인을 데려가 벼 재배 집단농장를 조직했던 것이다. 벼농사를 성공시키기 위해 그때 자발적으로 중앙아시아로 이주한 고려인들은 주도면밀하게 벼 재배 실험을 거듭하면서 영농법을 개발해나갔다. 그리고 1937년에 고려인 전체가 강제이주 되어 오자 그곳으로 들어온 고려인 집단농장들과 합류했다. 그중에 가장 유명한 집단농장이 벼농사 전문집단농장 《선봉》이었다. 이 집단농장는 지도자 김만삼의 지도 아래 꾸준히 벼를 재배하다가 1942년에 단위당 세계 최고의 수확량을 거두는 쾌거를 이룩했다.[65]

---

64 ГАКО, Ф.137, оп.1, д.29, лл.1 3. ; Г. В. Кан, 『История Корейцев Казахстана』(Алматы 《Гылым》, 1995), сс. 32~38 ; Георгий Кан, 「Казакский рис」(《고려일보》 2001년 11월 9일, 23일, 30일)

65 김만삼은 각고의 노력 끝에 1942년 제2차 세계대전의 와중에서 논 1헥타르 당 17톤의 벼 수확량을 올렸다. 이는 당시 세계 최고의 벼 수확량이었다. 그는 벼농사 기술을 다른 민족들에게도 널리 가르쳐주었는데 그로부터 벼농사 기술을 배운 카자흐인 제자들은 나중에 카자흐스탄 농업의 선구자가 되었다. 김만삼의 제자 중 한 명인 카자흐인 이브라김 자하예브는 『삶의 여정』(알마아타, 1986년)이라는 책에서 김만삼의 업적에 대해 자세히 언급하기도 했다. 김만삼은 일선에서 은퇴한 후 연해주로 돌아가 말년을 보냈다. 1940년대 재소고려인 한글신문 《레닌기치》는 벼 재배 노력영웅 김만삼에 대한 기사를 이례적으로

당시 《선봉》 집단농장가 이룩한 성과에 소련정부도 크게 주목하고 김만삼에게 노력영웅 칭호를 수여했음은 물론 곧장 다큐필름을 제작하여 전역에 방영하기도 했다. 김만삼은 강제이주 이후 최초로 소련연방의 주목을 받은 고려인 중 한 명이 되었고, 성공한 고려인의 모범이자 상징이 되었다. 김만삼이란 이름은 그때 만들어진 '김만삼 노래'와 함께 지금까지도 전설로 남아있다.

이후 우즈베키스탄과 카자흐스탄 여러 지역에서 벼 재배 고려인 노력영웅들이 쏟아져 나왔고 더불어 벼 재배 면적도 크게 확장되었다. 영농지도자로 2중 사회주의 노력영웅이 된 김병화를 비롯하여 황만금, 채정학, 신현문 등 여러 노력영웅들은 김만삼 이후에 이름을 알린 대표적인 농업지도자였다. 강제이주 몇 년 사이에 고려인들의 주식도 조에서 쌀로 바뀌었다. 그리고 1953년에 스탈린이 사망하자 이후 3~4년 어간에 그동안 고려인을 옥죄던 거주제

자주 등장시키고 있는데 이는 당시 김만삼이 이룩한 성과와 위상이 어떠했는지를 짐작하게 해준다.(리규학, 「선진농학을 연구하자! 김만삼 동무의 경험에서」(《레닌기치》 1942년 2월 15일) ; 우가이 블라지미르, 「김만삼 동무에게」(《레닌기치》 1943년 2월 3일) ; 김만삼, 「세계적 수확을 위하여(분조의 작업경험 몇 가지)」(《레닌기치》 1943년 9월 3일) ; 리동빈, 「김만삼을 환영하여」(《레닌기치》 1944년 9월 3일) ; 태장춘, 「김만삼에 대한 노래」(《레닌기치》 1944년 9월 3일) ; 오춘근, 「《김만삼》 고등수확 분조」(《레닌기치》 1945년 5월 27일) ; 「쓰딸린상 계관인 두 사람」(《레닌기치》 1946년 7월 3일) ; 「고등수확 분조 쓰딸린상 계관인 김만삼」(《레닌기치》 1946년 7월 12일) ; 원인숙, 「김만삼의 지도하에서」(《레닌기치》 1946년 7월 12일) ; 리제인, 「쓰딸린상 계관인 김만삼 동무를 환영하여」(《레닌기치》 1946년 7월 12일) ; 이쓰. 쵸르늬, 「김만삼의 제자들」(《레닌기치》 1947년 9월 3일) ; 모쏠로브, 「김만삼 분조를 방문」(《레닌기치》 1948년 7월 16일) 외 다수 ; 또 다른 기록물로는 『Советские Корейцы Казахстана』(Алма-Ата 《Казахстан》, 1992), с. 17 ; Алма-Атинская кино-студия(Сектор хроники), 『Сен Бонг(Корейский колхоз "Авангард")』(1946) [알마아타 기록영화제작소, 『선봉(고려인 꼴호즈)』(1946)] 등 다수)

한 규정이 풀려 고려인들은 새로운 땅을 찾아 소련 전역으로 흩어졌다. 그들은 벼농사 짓기에 기후와 토양이 더 적합한 남쪽의 키르기스스탄과 투르크메니스탄과 타지키스탄으로 이동해갔고 그 결과 그곳에는 예전에는 존재하지 않았던 벼농사 집단농장들이 생겨났다.

다음으로 언급되어야 될 작물은 옥수수와 양파다. 옥수수는 고려인들이 품종과 수확량을 크게 향상시켜놓은 대표적인 작물 중 하나다. 소련은 1950년대 말부터 국가적으로 옥수수재배를 장려했다. 이에 호응하여 여러 고려인 집단농장가 옥수수를 널리 재배했는데 그때 우즈베키스탄 《뽈리뜨오드젤》 집단농장의 여성 작업조장 리 류보비는 자기 작업조를 이끌고 옥수수를 어느 농장 어느 작업조보다 탁월하게 재배하여 소련 전역을 놀라게 만들었다.[66] 리 류보비 역시 고려인이 농업에서 이룩한 대표적인 모범사례로 남아 있다.

1957~8년 어간에 고려인들은 농사짓기에 더 좋은 땅을 찾아 우크라이나와 카프카스 지역으로도 이주하기 시작했다. 처음에 그들은 그곳으로 계절농사를 다녔다. 고려인들은 이를 "고봉질"이라고

---

66 리 류보비가 재배한 옥수수는 옥수수장 크기만 해도 4m가 넘었고 옥수수송이 한 개의 무게는 1kg을 능가했으며 옥수수알곡의 굵기는 소련에서 유례가 없이 굵고 튼실한 것이었다. 리 류보비 여사는 그 공로를 인정받아 1962년 11월 5일에 소련 노력영웅 칭호를 받았고 나중에는 소련 최고인민위원회 대의원(1962~1970)이 되기도 했다. 2000년경에 《뽈리뜨오드젤 꼴호즈》에서 사망했다. 고려인들 사이에서 옥수수 노력영웅 리 류보비에 대한 노래도 만들어졌다.(「리 류보위 동무에게 사회주의 로력영웅 칭호를 부여함에 대하여」(《레닌기치》 1962년 11월 11일) ; 「옥수수 노래」(《레닌기치》 1963년 7월 28일) ; 아. 우실렘쓰끼, 「리 류바의 학교. 상당한 제자들(《농촌생활》지 8월 7일호에서 연재)」(《레닌기치》 1963년 8월 14일))

부르는데, 고봉질이란 카자흐스탄이나 우즈베키스탄에서 사는 고려인들이 이른 봄에 남부러시아나 카프카스나 우크라이나 등지로 가서 농사를 지어 가을에 수확한 뒤 임차인에게 봄에 계약한 양의 소출을 바치고 나머지는 처분하여 돈을 만들어가지고 돌아오는 농사 형태를 말한다.[67] 이는 소련에서 철저히 추방하고 금지했던 자본주의 시스템이었지만 사회가 다소 느슨해지자 더 나은 생활조건을 바라던 고려인들과 계획경제에 따른 목표 수확량 달성이라는 중요한 과제를 안고 있던 일부 집단농장들의 이해관계가 맞아떨어져서 살며시 도입된 이윤추구방식이었다. 고봉질은 후르시쵸프 치세부터 조금씩 시작되다가 브레즈네프와 고르바초프 시대에 널리 번성했다. 그 시기에 고려인들은 고봉질로 상당한 부를 축적하기도 했다. 그들은 임차지에서 곡물도 재배했지만 그보다는 야채재배를 더 선호했고 그중에서도 처분이 쉽고 자금회전이 잘 되는 수박과 양파 등을 주요 작물로 심었다. 그 과정에서 고려인이 개발한 양파 종자가 소련전역에 널리 보급되는 결과를 가져왔다.

고려인의 양파가 소련전역에 전파된 내력은 1980년대 고려인 첫 강제이주지 우스또베로 거슬러 올라간다. 1937년에 고려인이 강제이주 당해 부려진 중앙아시아의 첫 기착지인 카자흐스탄 우스또베에는 여러 개의 고려인 솝호즈나 집단농장들이 생겨났다. 그중에는 《프룬제》라는 솝호즈도 있었는데 이 솝호즈가 자리한

67 리 블라지미르, 「고본질: 희망과 불안. 《계절》부랑아의 불쌍한 신세」(《고려일보》 1991년 8월 1일) ; 김 아나똘리, 「고본질: 희망과 불안. 손해 보는 일이 많다」(《고려일보》 1991년 8월 1일) ; 주 펠릭스, 「고본질: 희망과 불안. 나는 찬성이다」(《고려일보》 1991년 8월 1일)

지역 안에는 이미 1929년에 《실험농장》이 만들어져 운영되고 있었다. 하지만 《실험농장》은 그동안 별다른 성과를 못 내고 있다가 강제이주 되어 온 고려인 조합을 만나 새로운 품종의 벼와 양파를 보급하는 기지로 거듭나게 된다. 이 《프룬제》 솝호즈의 지도부는 카자흐스탄 남부지역의 종곡을 개량할 목적으로 1977년에 인근지역의 토지를 편입하면서 《실험농장》의 규모를 크게 늘렸다. 토지 편입 직후에 이 솝호즈는 100헥타르의 토지를 이용하여 벼 재배 실험을 하다가 1980년대 말에 들어와서는 재배면적을 1400~1800헥타르까지 확장했다. 농학박사인 박 니꼴라이 알렉산드로비츠가 오랫동안 이 솝호즈의 회장으로 일했는데 그는 낙후되어 있던 종자개량 분야에 큰 관심을 기울이고 1985년에 이 농장에 종자개량 부서를 설립했다.[68] 그리고 여러 종류의 개량종 벼를 개발하여 카자흐스탄에 널리 보급했다. 다만 벼는 그곳 우스또베가 벼농사의 북방한계선이라 더 이상 북쪽으로 올라가지는 못하고 남쪽으로만 확산되었다.

벼 외에 《실험농장》에서 심혈을 기울여 개발한 품종이 바로 양파였다. 이 《실험농장》은 1980년대에 "까라딸 양파"라는 신품종을 발명했는네, 이 농장의 선신연구원 황 알렉산드르 이바노비츠와 김 꼰쓰딴찐 세묘노비츠가 "아메리카 존슨"이라는 양파를 가지고 개인적인 선별의 방법으로 개발해낸 것이었다. "까라딸 양파"는 품질이 우수해 중앙아시아는 물론 카프카스, 러시아, 우크라이나 등 소련 15개 가맹공화국으로 널리 전파되었고 심지어는 불가리

68 П. Д. Сон, 『Опытное хозяйство』(1990) [송 라브렌찌 다큐필름 『실험농장』(1990)].

아, 쿠바, 루마니아와 같은 외국으로까지 보급되었다. 이 양파가 소련 전역으로 전파된 이유는 무엇보다도 품종이 우수했기 때문이고, 그 다음으로는 고려인들이 계절농사를 다닐 때마다 이 종자를 가지고 가서 성공적으로 재배했기 때문이다. 《실험농장》은 그 외에도 별도의 판매용 양파도 개발하고 붉은 무, 나도회향, 고추, 가지 등 여러 종류의 채소를 실험재배하면서 카자흐스탄에 선진영농법과 함께 품질 좋은 야채를 보급했다.[69]

연해주 우두거우 고려인 마을에 들어섰던 《실험농장》은 강제이주로 인해 없어졌지만 고려인 최초 강제이주지인 카자흐스탄 우스또베에 똑같은 명칭으로 존재해있던 《실험농장》을 고려인들이 적극 활용해 소련에 선진농법을 알리고 식량증산에 기여한 사실은 대단히 뜻 깊고도 상징적이라 할 수 있다. 소련에서 농업을 대표하고 농업으로 성공한 고려인사회의 이면에 이처럼 자랑스럽고도 훌륭한 과학적 영농의 토대가 뒷받침되어오고 있었음이 증명되기 때문이다. 연해주 우두거우 마을의 《실험농장》은 항일빨치산 지도자들이 설립한 《신세계》 집단농장 안에 지어진 청년학교와 연계되어 만들어졌다. 즉 1세대의 항일독립정신이 2세대에게 개척정신으로 이어졌던 것이다. 이 개척정신은 강제이주의 탄압에도 꺾이지 않고 면면히 이어져 오늘의 중앙아시아 고려인을 존재하게 만들었다. 1세대와 2세대들이 보여준 항일독립정신과 개척정신은 지금의 후손들에게 새로운 도전정신으로 승화되어 농업분야에서 새롭게

69 송 라브렌찌 다큐필름, 『실험농장』(1990년).

꽃피었다.

그런 의미에서 고려인들이 농업에서 걸어온 발자취의 초기 모습을 증명해줄 농업연구서가 우리에게 남겨진 것은 참으로 다행스런 일이라 할 수 있다. 후세들의 눈에는 선조가 남겨놓은 유산이 초보적이고 거칠게 보일 수도 있겠지만, 우리 또한 걸음마부터 시작해서 오늘에 이르렀음을 깨닫는다면 지나온 흔적들이 그 당시에는 가장 최선의 모습이었음을 이해할 수 있을 것이다. 책『채포업자의 지남』을 쓴 농업기사 양근원과《신세계》집단농장 청년학교의 이름 없는 학생들, 그리고 강제이주 이후《프룬제》솝호즈의 실험농장 연구원들, 나아가 농업에 종사했던 모든 고려인 선배들은 농업발전에 각자의 역할에 맞는 의미 있는 주춧돌을 놓았던 것이다.

참고문헌

신문

《선봉》신문

- 「각 구역에 있는 꼴호즈들의 파종진행은 어떠한가?」(《선봉》 1932년 7월 8일)
- 「건설의 속도를 건체시기는 우경기변주의와 대로시아 애국주의를 시급히 퇴치하라!!!」(《선봉》 1931년 9월 8일)
- 「고려화는 말뿐이다」(《선봉》 1931년 9월 14일)
- 「고려화는 실현된다」(《선봉》 1932년 1월 30일)
- 「꼴호즈들과 개인경리들의 1934년 춘긔파종 준비에 대하여」(《선봉》 1934년 1월 19일)
- 「꼴호즈 "새세계"의 파종준비」(《선봉》 1932년 3월 22일)
- 「꼴호즈 "쓰딸린"의 파종준비 5일 통계」(《선봉》 1932년 4월 2일)
- 「농촌경리에서 얻은 성과들은 사회주의 승리를 결정한다(농촌경리의 장성과 고려인 로력농민들의 과거와 현재」(《선봉》 1933년 11월 7일)
- 량근원, 「채소재배에 대한 일반적 상식(채소종류의 수확향상을 위하여) 一」(《선봉》 1932년 6월 2일)
- 량근원, 「채소재배에 대한 일반적 상식(채소종류의 수확향상을 위하여) 二」(《선봉》 1932년 8월 18일)
- 량근원 「채소재배에 대한 일반적 상식(채소종류의 수확향상을 위하여) 四」(《선봉》 1932년 11월 28일)
- 량근원, 「추경을 과학적으로 실시함은 명년도의 풍작을 보장함이다」(《선봉》 1932년 10월 6일, 10일)
- 량근원, 「채마의 수확고를 높이기 위하여 꼴호즈회원 및 개인농민들이 긔억해야 할 과학적 농업방식」(《선봉》 1933년 5월 29일, 6월 7일)
- 리광, 「교과서에 있는 오판」(《선봉》 1932년 9월 22일)

- 리광, 「라텐화 꼰페렌지야를 앞에 두고」(《선봉》 1931년 12월 4일)
- 리광, 「한자를 제한하면서 사전을 준비하자」(《선봉》 1931년 9월 18일)
- 리제, 「이전의 붉은 빨찌산 리제동무의 회상담」(《선봉》 1932년 11월 10일)
- 「리중집 동무의 간단한 리력」(《선봉》 1933년 11월 7일)
- 문세준, 「긘급광고」(《선봉》 1932년 9월 6일, 8일)
- 「"새세계"꼴호즈의 파종준비는 위험천만. 용감한 활동으로 난관들을 극복하자」(《선봉》 1933년 4월 25일)
- 「새 책들을 주문하시오」(《선봉》 1932년 3월 30일, 9월 28일, 10월 26일, 1933년 5월 27일)
- 「식료 없이 로력을 못하게 된다」(《선봉》 1931년 12월 30일)
- 심약연, 「과학적 농업의 발전을 위하여」(《선봉》 1932년 6월 16일, 22일)
- 심약연, 「농업에 과학적 긔술을 높이자」(《선봉》 1931년 12월 4일)
- 「영예의 상장과 시상을 받은 붉은 빨찌산 동무들」(《선봉》신문 1932년 12월 26일)
- 「원동변강의 구역편제를 진행함에 대하여」(《선봉》 1932년 12월 4일)
- 「이럴 수가 있을가?」(《선봉》 1932년 7월 22일)
- 전영식, 「농업을 과학적으로 발전시키자」(《선봉》 1932년 2월 28일, 3월 24일, 4월 2일)
- 「지난 오개년간의 전변강의 문화전선에서 어떤 성과들을 달성했는가」(선봉 1933년 2월 6일)
- 「채마재배의 수확고를 위하여 사회적 주목을 한 층 더 높이라!」(《선봉》 1933년 5월 7일)
- 「추경은 계속되엇다」(《선봉》 1931년 11월 14일)
- 「추수의 결과를 통계하자」(《선봉》 1931년 11월 14일)
- 「파종준비를 힘있게 진행하는 꼴호즈들」(《선봉》 1934년 1월 5일)
- 「황원호 동무를 곡함」(《선봉》 1932년 8월 12일)

《레닌기치》

- 강상호, 「력사의 토막. 솔밭관 빠르찌산 부대」(《레닌기치》 1990년 4월 3일)
- 「고등수확 분조 쓰딸린상 계관인 김만삼」(《레닌기치》 1946년 7월 12일)
- 김두칠 장편서사시, 「송림동 사람들」(《레닌기치》 1974년 12월 25일)
- 김만삼, 「세계적 수확을 위하여(분조의 작업경험 몇 가지)」(《레닌기치》 1943년 9월 3일)
- 김승화, 「쏘베트 정권수립을 위한 투쟁에서의 조선인 근로자들」(《레닌기치》 1967년 1월 6, 7, 10일)
- 리규학, 「선진농학을 연구하자! 김만삼 동무의 경험에서」(《레닌기치》 1942년 2월 15일)
- 리동빈, 「김만삼을 환영하여」(《레닌기치》 1944년 9월 3일)
- 「리 류보위 동무에게 사회주의 로력영웅 칭호를 부여함에 대하여」(《레닌기치》 1962년 11월 11일)
- 리제인, 「쓰딸린상 계관인 김만삼 동무를 환영하여」(《레닌기치》 1946년 7월 12일)
- 모쏠로브, 「김만삼 분조를 방문」(《레닌기치》 1948년 7월 16일)
- 「쓰딸린상 계관인 두 사람」(《레닌기치》 1946년 7월 3일)
- 아. 우실렐쓰끼, 「리 류바의 학교. 상당한 제자들(《농촌생활》지 8월 7일호에서 연재)」(《레닌기치》 1963년 8월 14일)
- 오춘근, 「《김만삼》 고등수확 분조」(《레닌기치》 1945년 5월 27일)
- 「옥수수 노래」(《레닌기치》 1963년 7월 28일)
- 우가이 블라지미르, 「김만삼 동무에게」(《레닌기치》 1943년 2월 3일)
- 원인숙, 「김만삼의 지도하에서」(《레닌기치》 1946년 7월 12일)
- 이쓰. 쵸르늬, 「김만삼의 제자들」(《레닌기치》 1947년 9월 3일)
- 전동혁, 「박령감」(《레닌기치》 1967년 11월 8일)
- 태장춘, 「김만삼에 대한 노래」(《레닌기치》 1944년 9월 3일)

《고려일보》

- 김 아나똘리,「고본질: 희망과 불안. 손해 보는 일이 많다」(《고려일보》 1991년 8월 1일)
- 리 블라지미르,「고본질: 희망과 불안. 《계절》부랑아의 불쌍한 신세」(《고려일보》 1991년 8월 1일)
- 주 펠릭스,「고본질: 희망과 불안. 나는 찬성이다」(《고려일보》 1991년 8월 1일)
- Георгий Кан,「Казакский рис」(《고려일보》 2001년 11월 9, 23, 30일)

서적

- 고송무,『쏘련의 한인들(고려사람)』(1989)
- 김 게르만,『한인 이주의 역사』(박영사, 2005)
- 김경천 지음, 김병학 정리 및 현대어 역,『경천아일록』(학고방, 2012)
- 김 블라디미르 저, 최선하 역,『멀리 떠나온 사람들: 우즈벡의 고려인이 들려주는 디아스포라 이야기』(인터북스, 2010)
- 김병학,「재소고려인 정신문화의 쌍두마차 고려일보와 고려극장」,『황무지에서 지켜낸 민족혼』(한국이민사박물관, 2014년)
- 김호준,『유라시아 고려인 디아스포라의 아픈 역사』(주류성출판사, 2013)
- 남혜경·임채완,『고려인 인구이동과 경제 환경』(집문당, 2005)
- 보리스 박·니콜라이 부가이 지음, 김광한·이백용 옮김,『러시아에서의 140년간』(시대정신, 2004년)
- 『십월혁명 십주년과 쏘베트 고려민족』(블라디보스토크, 1927년)
- 원동변강 인민교육부 과학방법 쏘베트,『오창환문전』(1930)
- 이인섭 지음, 반병률 엮음,『망명자의 수기』(한울, 2013)
- 임채완 편,『중앙아시아 한인연구』(전남대학교 사회과학연구소, 1999)
- 정상진,『아무르만에서 부르는 백조의 노래』(서울, 지식산업사, 2005)

- Б. Д. Пак, 『Корейцы в российской империи』(Москва, 1993)
- Б. Д. Пак, 『Корейцы в Советской России』(Иркутск, 1995)
- Г. В. Кан, 『История Корейцев Казахстана』(Алматы 《Гылым》, 1995)
- Г. Н. Ким, 『Коре Сарам: историография и библиография』(Алматы: Қазақ университеті, 2000)
- И. Ким, 『Советский корейский театр』(Алма-Ата: ©издательство 〈Өнер〉, 1982)
- Ким Б. Н., 『Корейцы Узбекистана: кто есть кто』(1997)
- Корейское научно-техническое общество 《Кахак》 『Корейцы Казахстана в науке, технике и культуре』(Алматы, 2002)
- Ким Сын Хва, 『Очерки по истории советских Корейцев』(Алма-Ата, Издательство 《Наука》, 1965)
- М. П. Пуцилло, 『Опыть русско-корейского словаря』(С-Петербургъ, 1874)
- М. Т. КИМ, 『Корейские интернационалисты в борьбе за власть Советов на Дальнем Востоке(1918-1922)』(москва, издательство наука, 1979)
- Научно-техническое общество 《Кахак》 『Корейцы Казахстана: кто есть кто』(Алматы, 2005)
- Н. Ф. Бугай, 『Корейцы в Союзе ССР - России: XX-й век』(Москва 《ИНСАН》, 2004)
- П. П. Семенова, 『Живописная россія. Отечество наше въ его земельномъ, историческомъ, племенномъ, экономическомъ и бытовомъ значеніи』 томъ двѣнадцатый. Часть вторая. 「Восточныя окраины россіи. Приморская и амурская области」(С-Петербургъ - Москва, Изданіе товарищества М. О. Вольфъ, 1895)

- С. Г. Нам, 『Российские Корейцы: история и культура(1860-1925 гг)』 (Москва ИВ РАН, 1998)
- 『Советские Корейцы Казахстана』(Алма-Ата 《Казахстан》, 1992)
- 『Экономика Дальнего Востока』(Хабаровск, 1936)

잡지, 화보집

- 김병학·김 콘스탄틴, 「선봉-레닌기치-고려일보(고려일보창간 90주년 기념화보집)」(Алматы, 2013)
- 『강제이주 70주년 고려인 디아스포라』(전남대학교, 2007)
- 채유리, 「민족성을 지켜온 신문(고려일보창간 80주년기념화보집)」(Алматы, 2003)

육필원고

- 정태, 『정태소리력서』(1959년 무렵)

문서

- ГАХК, Ф П-2, оп.11, д.233 лл.6-11.
- ГАКО, Ф.137, оп.1, д.29, лл.1-3.
- 『카자흐스탄 韓人史(고문서 자료 제1집)История Корейцев Казахстана (Сборник архивных документов том I)』(알마아타 한국교육원, 1998)
- 『카자흐스탄 韓人史(고문서 자료 제2집)История Корейцев Казахстана (Сборник архивных документов том II)』(알마아타 한국교육원, 1999)
- 『카자흐스탄 韓人史(고문서 자료 제3집)История Корейцев Казахстана (Сборник архивных документов том III)』(알마아타 한국교육원, 2000)

영상물

- Алма-Атинская кино-студия(Сектор хроники), 『Сен Бонг (Корейский колхоз "Авангард")』(1946) [알마아타 기록영화제작소 『선봉(고려인 꼴호즈)』(1946)]
- Л. Д. Сон 『Опытное хозяйство』(1990) [송 라브렌찌 다큐필름 『실험농장』(1990)]

채포업자의 지남

영인본

양 근 원

채 포 업 자 의 지 남

련합국립출판부—원동국립출판부
모쓰크바—1934—하바롭쓰크

서 언。

농촌경리 건설에있어 농업을 기술화시기며, 수확을 결정적으로 향상시기는 과업이 우리의게 중대한 임무로 되어있다。 농촌경리의 한부분인 채포업도 도시와 농촌의 식료공급에대한 의의를 가지고 있다。

그러므로 쏘베트동맹에서 채포업을 장려시긴다。 딸아서 전문적 채소작업 꼴호즈를 확장하며, 꼬뻬라집으, 도시 직업동맹 단체에서도 채소작업에 대한 실현이 크게 전개된다。 그리고 농촌각개 꼴호즈와 꼴호즈니크들은 꼴호즈 시장을 경유하여 도시와 농촌의 생산품의 련락관계가 아주 밀접하엿으며, 딸아서 도시에 채소공급을 계속적으로 실현하엿다。 이 방면에서 농촌경제가 튼튼하여지며, 채소 되팔이군들이 시장에서 구축된것도 사실이다。

각 쏩호즈와 꼴호즈에서는 채포업을 기술화시기는 현계단에서 충분한 연구가 요구된다。 당과 정부에서 내어 세운—채소수확향상에 대한 문제를 항상 연구하며, 실행하여야된다。 다시 말하면 종자 선택, 비료리용, 토지개량, 해충 및 잡초와의 투쟁에 정력을 공헌

하며, 또는 모종, 재배하는 방법을 과학적 실험에 의지하여 실행하여야 될것이다。

채소 작업경리에서는 이상에 지적한 사업에 로력군중의 열성을 향상시기며, 수확고를 위한 사회주의적 빅이와 공격대운동을 계속적으로 전개하며, 그를 정기적으로 검렬하여 우승한 개인, 브리가다에 시상을 주며, 태업자와의 투쟁에 검은게시판과 벽신문을 무기로 리용하며, 평균분배제와 책임감 없는 일들을 뿌리까지 뽑아 치우며, 질적가치가 없는 작업을 퇴치하기 위하여 생산협의회에서 엄중한 비판을 전개하여야된다。콜호즈를 조직—경제적으로 튼튼히하는 과업에서 로력군중의 창발성을 높이어야 된다。

군중문화 사업과 농학보급에 대한 조직을 힘있게 실행하므로써 그들의게 정치적 의식과 농업상 기술을 소유시기어야 된다。

이 모든 과업들을 실행하는 행정에서 우리의 원수—토호들의 음흉한 해독수단을 콜호즈경리에 주는것을 닞지 말어야 된다。딸아서 토호들이 빈농민의 탈을 쓰고 콜호즈에 들어와서 직접경제파괴에도 손을대이며, 간접으로 빈농, 중농 콜호즈니크에게도 영향을 주는것이다。그 원수들과 투쟁하는데 군중을 동원시기며 또는 토호의 앞잡이로 나선 우경기변주의자들과도 투쟁하여야 된다。

『채포업자의 지남』이란 이 책자는 우두거우 콜호

즈 청년학교의 실제경험으로 붙어 저작된것이다。원래 이 학교는 채소꼴호즈『신세계』의 채소 수확을 향상시기기위하여 실험농장과 부속채소장, 양묘원을 설치하고 과학상 긔술과 실지적 경험에서 얻은 성과로써 일반 쏩호즈, 꼴호즈 군중에게 소개하게 된다。본 작자로 붙어 생각하기를: 이 작품이 긔술적 긔초 우에서 큰 역할은 놀지못하더래도 채소작업을 연구하는 방면에는 부분적 참고 재료로 될수 있다는 자신이 없지 않다。

우리가 채소업의 수확고를 연구, 실현할때에 학리와 실지를 련쇄시기지 않으면 완전한 달성을 보지못할것이며, 또는 꼴호즈의 조직 성분과 생산력을 튼튼히 보장하지 못하면, 역시 승리의 도달을 얻지 못할것이다。그러므로 우리는 상술한바의 모든 조건들이 충실하여야 성과를 보일것이다。

작자로 붙어。

채소작물의 특수성。

어떠한 농작물을 물론하고 그 작물의 수확고를높이려면 만저 그 작물의 특수성을 잘 알어가지고 파종시귀붙어 모든 조건이 농업상 과학에 부합되도록하여야된다。대체로 각종 작물들의 특수성을 구분하여본다면:

1. 화곡작물(벼, 조이, 피날, 옥수수,채밀,보리등) 파숙곡작물 (콩, 팥, 원두, 열콩등) 등이 서로 달은점,

2. 뿌리가 길고, 짧은 작물이 서로 달은것。

3. 활엽ㅡ작물 (닢사귀가 크고도 많은 작물)파장경ㅡ작물 (줄기가 길게 자라는 작물) 이 서로달은것。

4. 작물들이 종류에 딸아서 양분을 흡취하는 분량과 성분이 서로 달은것。

5. 토양의 성질과 귀후의 관계에 딸아서 잘 자라며, 결실된다。

우에 지적한바와 같이 작물의 종류마다 특수성이 각유하다。그러므로 채소작물은 화곡작물보다 달라서파종할때붙어 추수및 저장할때까지 그 특수성에 딸아기술상 상식이 특별히 요구된다。

그리하여 채소중에 감자, 무우, 모르꼬, 넢배채 같은 것은 밭에 직접 씨를뿌리며, 대두배채, 일년감(보민돌), 가지같은것은 밭에 직접 씨를 뿌리는것보다 모판에서 모를 자래우어가지고 모종하여야 잘 자라며, 따라서 결실에 수량도 많이 얻게되며, 품질도 역시 더 낫다 무엇보다도, 다두배채, 일년감은 모판을 리용할때에도 항상일즉이 시작하여서 아모 지장을 받지않고 잘 자라며, 모든 병과 충해에 걸리지 않게되는것이 한 특성인것을 실지상, 경험에서 확실한 증명을 얻게되엿다。

다두배채의 파종(播種)과 이앙(移秧)의 실 험 표。

심어놓은 방식	심어놓은날자	폭이수	실시한비료	추수한날자	수량 К	수량 Г.
직접씨뿌린것	19/IV	10	분회	23/IX	12	270
모종을 한것	10/V	10	분회	28/X	18	730

그러므로 각개채소—콜호즈와 기타경리에서 채소를 짖을때에 반듯이 다두배채의 특성을 잘 기억하여야 될 것이다。다두배채의 수확을 높이려면, 위선 모판을 만들어 가지고 모를 자래우어 옴기어야되는데 거기에는 모든 기술이 요구되는것이다。

이에 따라서 모판을 설치하는데 모판의 종류, 그에관한 준비조건과 모를 자래우는 방법을 농학에 맞후어 실험을 응용하여야된다。아직 기술적으로 뒤ㅅ떨어진 채소짐이를 과학적으로 전환시길 임무가 우리들에게 있다。

모판의 설치와 준비를 어떻게 할 가。

본래 채소짐이는 보통작물을 심어서 자래우는데 비하여 특별한 기술상 조건들이 요구된다。

이제 모판이라고 하는것은 농학상에 의하여 온상과 랭상(溫床과冷床)을 말하려한다。온상은 사람의 로력을 많이들이고 물자를 많이들이어 화화적 작용을 일으키어 가지고 보통 곡식의 씨앗을 심을수 없는 일은 봄에 싹이 터서 자라는데 적당한 온도를 주재하는것이며, 랭상이라고 하는것은 사람의 로력도 적게들고 화학적 작용을 일으킬만한 물자도 들지않을뿐만 아니라 그 만드는 방법도 아조 헐하다。모판에 찬기운을 낚어서 파종시기보다 다소간 일즉 모를 길러 내는것인데 온상에 씨를 부으는 시기보다는 40일이나 뒤ㅅ떨어 지게 되므로 온상을 마즈 준비하지못하여 계획을 실시치 못할 경우에 리용하게되는것이다。

온상의 위치를 선택할때에는 항상 땅이 조강하고도 서북방이 막히어서 찬바람을 막아주고 또동남쪽이 열니어서 해ㅅ빛을 잘 받을수 있는처소가 제일적당하다。그러나 만일에 그위치가 천연적으로 바람을 막지 못하는 곧에는 인공적으로 서북편을 막아서 바람이 맞지 않도록 하여야 된다。그리고 온상을 만들기 위하여서는 가을에 미리 준비하여 두어야 한다。이에대한 준비는 입이 질정하여 좋은처소에 구멍을 파고 그 속에 벼집 북덕이를 채우어 두어서 겨울에 얼지 않도록 하는것이 원측이다。만일 이와같은 준비가 겨울전으로 되지못한때에는 일은봄(3월10일쯤)에라도 그대로 준비하여야 된다。

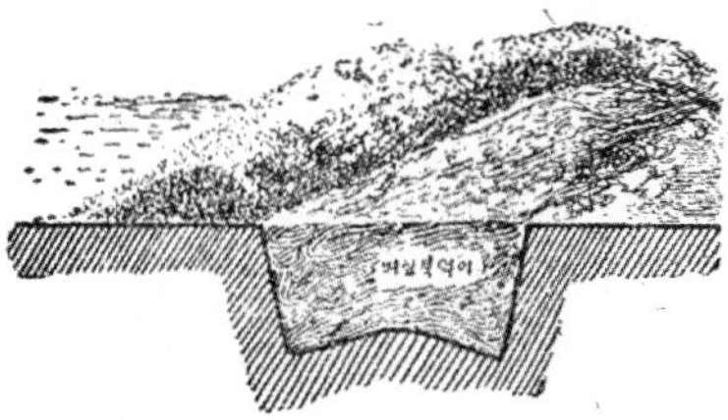

그림 1. 온상 놓을 구덩。

온상 놓을 구덩은 보통 그 넓이가 130－150 cм 이되게 파내인뒤에 발열재료(덥은 기운이 생기게하는 재료)로 말똥,나무닢 떨어진것, 썩지않은 오양간 비료등을 사용하며, 이밖에도 양똥, 토끼똥도 발열재료로 리용한다。농학상에 의하면 말똥은 덥은기운을 4개월, 양똥은 3개월, 토끼똥은 45일까지 보존한다고 한다。그러나 이것도 온상이 크고 적은데 딸아서 차이가 있으며 토질파 습기의 관계와 말똥을 많이 썩이고 적게 섞인데도 큰 관계가있다。

그리고 칩은지방과 덥은 지방에서 온상을 만드는 모양과 발열재료를 두는방법도 같지않다。보통적으로는 덥은지방보다 칩은 지방일사록 두텁게 하는것이 좋은데, 대체로 말하면 발열재료를 넣고 발로 밟아놓은 두텁이가 50—75 cм.이 되게 할것이다。

『1932년도에 우두거우 괄호즈 청년학교에서 여러가지 모양으로 온상을 실험하여 보았는데 그중에 제일 성적이 양호한것을 소개한다면 담과 같으다』。

실험적으로 온상의 준비를 어떻게 하엿는가。

온상의 준비는 농학과 실험에서 얻은대로 토지가 항상 조강하며, 태양광선이 아츰날어 해질때까지 잘 빛이우고 북쪽이 닥히여 찬바람이 맞지 아니할만한 위치를 택하여 1932년 10월25일 전에 미리 구덩이를 다파 놓고 그속에 실험적으로 겨울동안에 얼지않도록 하기위하여 각 구덩에마다 밀낦—북덕이, 벼집 북덕이, 콩—각지 및 북덕이를 넣어 두엇다가 일은 봄에 불을달아 놓은 결과 그중에서 제일 얼지않은것이 콩각지와 그의 북덕이를 넣은것이며, 밀짚 북덕이를 넣은것은 구덩이가 얼어서 제때에 리용치 못하게되엇다。

일반 채포괄호즈에서 온상을 준비할때에 위선 그를 일즉이 리용하기 위하여 콩—각지, 북덕이를 내어버리지 말고 온상굴을 겨울동안에 얼지않게 하는데다 리용하도록 주의하며, 벼짚 북덕이도 부드럽은것이 가장 적당하니 이것도 역시 정밀히 몰아 두엇다가 콩각지가 불족될때에 보충할것이다。구덩을 팔때에 그의직선을 동남으로 향하게하고 구덩은 두개를 피는데 한

아는 밑을 평면이되게 파고, 한아는 중앙으로 붙어 사면의 주위를 점차로 더 깊이 파내엿다。

많으막 결과를 본다면 구멍의 밑을 평면으로 파내인것 보다 중앙을 더 두드러지게 파내인것이 더 낫게되는것을 실험하엿다。 이것이 학리적으로나, 경험적

그림 2. 온상시설의 광경。

으로 보아서 혁신 가치가 있게되는 리유는 평면으로 파내인것은 귀틀을 짜서 놓은뒤에 그 귀틀이 남쪽으로 그늘이 지고, 또는 벽으로 붙어 랭기가 드는 관계로 북쪽과 중앙은 싹이 나고, 자라는 그 성적이 남쪽보다 더 낫으며, 일즉이 시작한 온상은 남쪽一그늘지는 곧에 묻히운씨는 싹도 나오지 않게된다。

구뎅에 중앙이되는 중심점을 잡어가지고 그 사면 주위를 점점 더 깊이 파내이고 남쪽은 북쪽보다 더 깊이 파내이엿으므로 다소간 그늘이 지고, 랭긔가 든다하여도 열도가 높은 관계로 온상은 어느쪽을 물론하고 온도가 일정하게 되는까닭에 종모가 자라는 성적이 매우 양호하다。

이에 딸아서 온상의 구뎅을 파 내일때에 구덩의 밑을 평면이 되게 파지말고, 중앙을 표준하여, 북쪽과 남쪽을 깊이 파는 방식을 리용할것이다。

그리고 넓이와 길이의 대소에 대하여서는 일정한 표준보다 다만 관리상에 편리한 방식을 리용하는것이 좋다。 그러나 실험한 결과에 의하면 구덩의 넓이는 130cм 길이는 350cм. 깊이는 70cм. 식하는것이 관리상에 아조 간편하며, 연해주 긔후에 적합하다。 연해주 긔후에서 일은 봄에(보통긔온이 영상 1°—3° 가 될때) 평균 섭씨 14°—18° 의 온도를 약 65일간 계속하게 하려면 온상의 면적은 이상에 지적한 수자대로 정하고 발열재료는 썩지 않은 말똥의 60%가 섞이어있는 구비(오양간 두엄)와 40% 가량이나 썩은 벼짚 북덕이를 50cм. 되게 발로서 밟아 놓고 섭씨 100° 가되게 끓인물 12메드로— (260литр) 를 고르게 붓고 찬긔운을 막기위하여 짚으로 만든 거적을 덮 어두엇다가 다시 벗기어버리고 싹걸음 30%, 모래 20%, 양토 50%를 고르게 섞어서 체에다 처가지고 발열 재료우에 12 cм.가되게 펴 둔다。

12

특별히 발열재료를 구덩에넣을때에 몬저벼짚 북덕이를 넣고 다진뒤에 말똥을 두고 다지어야된다。

이와 같은 준비가 끝난뒤에는 목재로서 북쪽은 45см. 남쪽은25см.의 높이되게 귀틀을 짜서 놓고 그우에 유리창을 만들어 덮는다。유리창을 만드는 방법은 보통 사람이 거처하는 집의 창문과 같이 만드는것이 아니라 온상의 길이가 350см.이 라면 유리문의 4개가 드는데 문의양식은 문살을 십자 형으로 대이지말고 전부 길이로만 대이

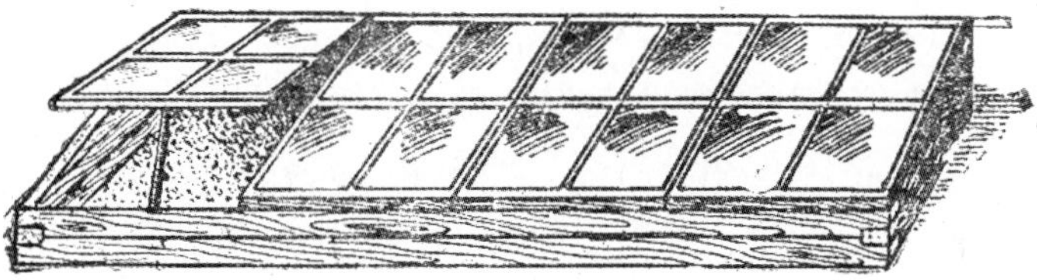

그림 3. 유리문을 십자형으로 잘못 만든것。

며 유리를 붙일때에도 고기 비늘모양으로 연다라 대이어서 이슬이나 혹은 비가오아도 잘 흘러 나리게 하여야 된다。

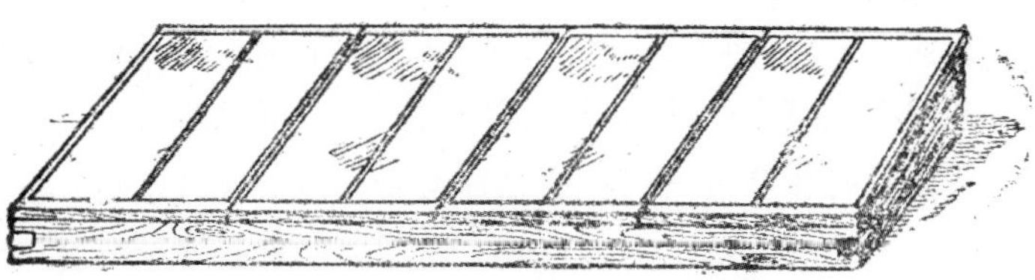

그림 4, 바로 옳게 만든 유리문。

만일, 창문과같이 십자형으로 만들면 비가오아도 바루 흘러 나리지못하고 온상안에 떨어지나니 어린모작에 해를 주게된다。

온상에서 화학적 작용의 발생。

우에 지적한바와같이 모든 준비가 끝난후에 낮이면 유리창을 반즘 열어놓아서 공기가 잘 류통되게하며, 밤이면 창문을 꼭닫어놓고 벼짚으로 만든 거적을 덮어서 찬긔운이 조곰도 들어가지 못하게 하여야되는데, 실험한 결과에 의지하여보면 이상 방법을 응용한 3일후에는 벌서 발열재료로붙어 화학적 작용을 발한다: 섭씨 영하 4°에 있던 열(熱)이 점차로 높아지어서 영상 24°—26°의 어간에서 2일간을 계속하다가 만 3일이 되면 그날붙어는 열이 차츰 나리어서 할호밥 사이로 섭씨 영상16°에서 일정한 온도를 가르치게된다。발열재료를 넣는날붙어 16°의 일정한 온도를 가르치게 되는 날자를 계산하면 6일이란 시일이 걸리게된다。

그런데 특별히 발열재료에 대하여 주의할것은 말똥을 주관적으로쓰며 긔타의 양똥과 토끼똥을쓰는데 만약 소똥을섞은것을쓰면 아니된다。소똥이 혹 섞이어있는것을발열재료로 리용하면 열을 발생하지못하는 까닭인데 소는 말과달라서 어떠한 사료던지 대략 십어서 삼키엇다가 다시 보드럽게 모리어서 소화되게하며 또한 물을 많이 먹음으로 그 배설된 소똥은 심히 부드럽고도 수분이 많이 섞이어 있는고로 공긔가 잘 류통되지못하고 썩는긔한도 매우 오래게되므로 열을 일으키지 못하는까닭이다。

그리고 말은 소보다 물을덜먹고, 소와같이 사료를 보드랍게씹어 넘기지 못하므로 수분이 적으며 그 질조(質粗)가 거츠러서 공긔가 잘 통하게되며 박데리아가 잘 번식되어 썩는긔한이 속한까닭에 열을발하는힘이 많으며, 열을 발하는 량이 많으므로써 말똥을 온상에 리용하며, 이밖에 양과. 토끼의 똥도 다 이와같은 리유이다。

온상의 파종법。

온상의 파종법은 여러가지가 있나니 아래에 긔록한다。

1. 산 파 법 : 이방식은 허튼씨를 뿌리는—가장 통속

그림 5. 조파를 하는모양。

화된 방식이다。밭에 직접 심을때에도 로력이 적게드는것만은 좋으나 첫재로 씨앗이 많이들며, 또는 고르

게 파종하지 못하는 관계로 기음맬때에 불편하고, 또는 고르게 뭇기도 매우 어렵다。심은후에 날이 감을거나 토양에 습긔가 없으면 종자가잘 붙지않고, 흙에갈의 묻힌것은 싹이 더되게나며 모가 십히 약하여 완전한 소작을 얻지못한다。그렇기 때문에 온상에 산파는 리롭지 못하다。

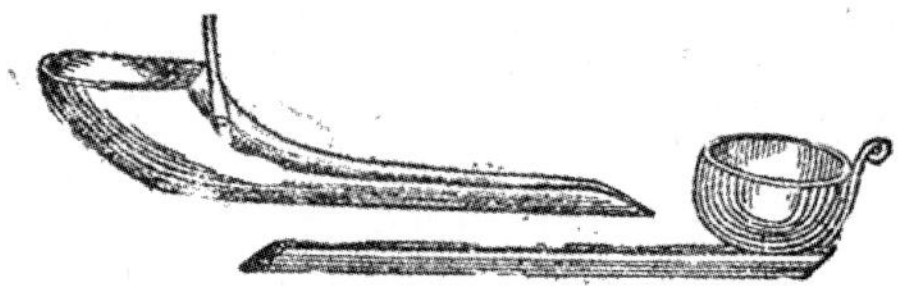

그림 6. 씨를 고게르 두기위하여 만든모형。

2. 조파법 : 이 방식은 달은 곡종과 같이 이랑을 만들고 줄로 심으는것이다。산파하는것보다, 씨앗을 많이 경제하며, 기음을 매기도 편리하고 또는 매기도쉽고, 싹도 잘 자라서 건강한 모를 얻게되는데, 온상에 파종할때에는 대개 이 방식을 리용한다。

3. 접파법 : 이것은 박는것과 쥐악씨의 방식인데 2—3알식 심으는것이。례를들면 콩이나 옥수수를 이 방식으로 심으는것이다。그런데 종자도 적게들고 심으기도 쉬으나 온상파종에는 모를 많이 얻지 못하게 되는것이 유감이다。

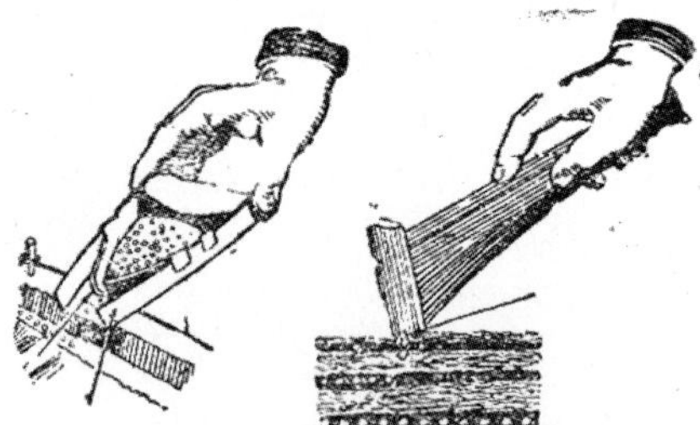

그림 7. 씨를두는 모양。

이제 우두거우 꼴호즈 청년학교에서 실험 파종의 결과를 실례로 말하면 조파법을 리용하엿는데 온상이 다 준비된날로 붙어 6일을당한—4월6일인데 보통 기온은 섭씨 13°이며, 온상안의 기온은 15°이엿다。종자는 학교 채종장에서 합리적으로 정밀하게 받어서 습도 영상 3°와 일년 평균 온도 영상5°되는 곧에서 1년간 묵이어 두엇던 것인데, 파종할 림시에 발아력(發芽力)을 실험한 결과, 97%의 싹이나는힘을 가지고 그중에서 연약한것이 3%가되는 종자로 이상에 지적한 온상 1개의 면적에 (장—350cм. 광—150 cм.) 28г를 심우엇다。

종자를 심으는 방식은 조파식으로 하엿으나 보통 밭에 심우는 조파식과는 같지않게 하엿다。나무로 보통 사용하는 족척(메뜨르)과같이 만들어서 정면으로써

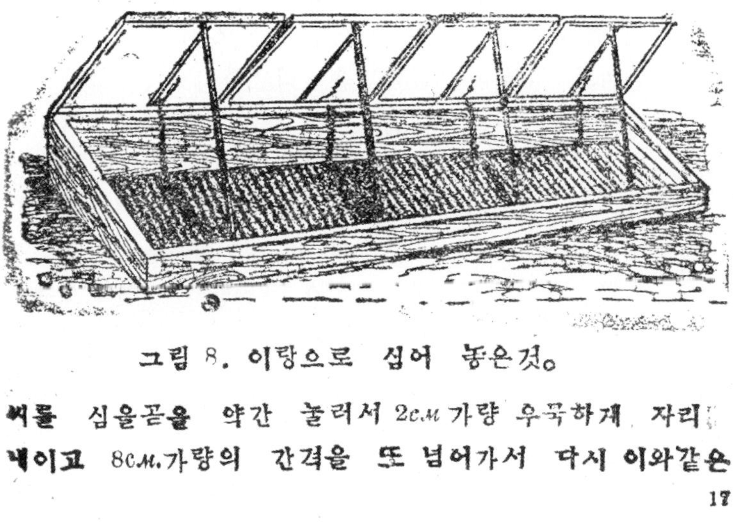

그림 8. 이랑으로 심어 놓은것。

씨를 심을곧을 약간 눌러서 2cм가량 우묵하게 자리내이고 8cм.가량의 간격을 또 넘어가서 다시 이와같은

방식으로 온상지면의 전 면적에 자리를 내이고 씨앗을 떨어트리면 나무에 눌리운 자리가 약간 땅땅한관재로 씨앗이 떨어진 그자리에 있지아니하고 이리저리

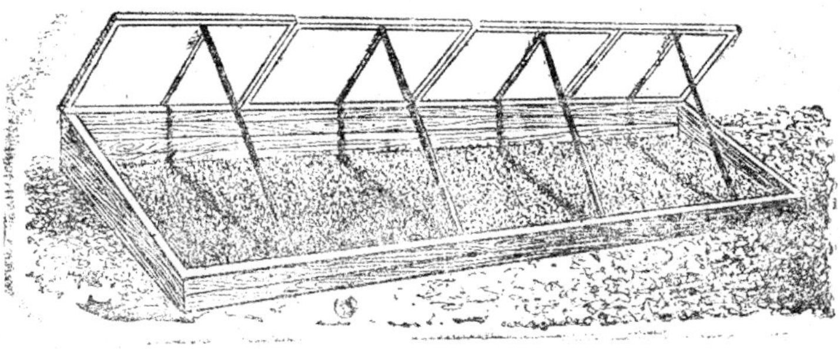

그림 9. 솔농으로 심어 놓은것。

구울러서 고르게 널리운다。이와같이 된후에 씨가 보일락 말락하게 연한 사질이 섞이어있는 양토로서 묻어주엇다。

이밖에도 점파와 산파법을 리용하엿으나 모가 제일 건강하게 자라고 기음도 적게들며 병해에 잘 걸리지않은 결과에 모삭의 수량을 많이 얻게 되는것인즉 조파식의、실증적 재료로 되엿다。 딸아서 어떠한곧을 물론하고 온상과 랭상에 파종할때에는 반듯이조파법을 리용하되 주의할 조건은 밭에 심우는 모양으로 이랑에 홈을치고 심으면 씨가 고르게 나지못하며 장차 솎구어 주는데 많은로력이 들며, 모싹의 수량도 적게되는것을 기억하면서 우두거우 끝호즈청년학교에서 실험한 방법을 실증적 재료로 소개한다。

파종후에 주의할 조건들。

파종한 후에는 심은 종자가 속한 기한에 일제히 싹이 날만한 습도를 주기위하여 벼짚으로 만든 거적을약간 습기가 돌게 물을 뿌리어서 씨를 심은 우에다가 정하게 덮고 흐린 날이면 류리창을약간 열어놓고 해빛이 십하게 빛오이는 날이면 한절반좀 열어놓아서 공

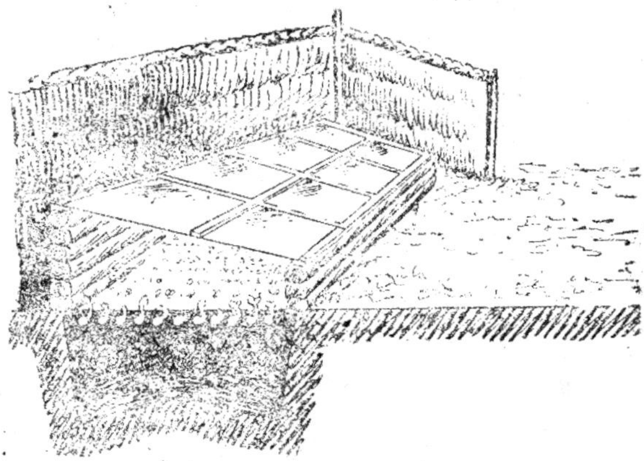

그림 10. 온상에서의 종자발아。

기류통이 잘되게하며, 또는 온도가 넘우 높지 않도록 주의하여 조절하여야 된다。

특별히 실험하기 위하여 해빛이 잘나는 날에 유리창을 꼭닫어둔 결과에 온상안의 온도는 C. 35° 에 올라갓다가 밤이면 17° 로 나려오앗다。때문에 싹은 일제히 나지못하며, 싹이 난것도 역시 종독이되어서 잘 자라지못하고 병해에 걸리어 손실을 보게되엿다。

까닭에 온도의 조절을 항상 주의하여야 된다。특별히 주의할것은 종자를 심은후에 덮엇던 거적을 종

자가 싹이들때에 정히 벗기어 버리고 밤이면 유리창애만 덮어서 찬긔운을 막아주며, 온도를 항상 고르게 하여야 건강한 모를 얻게된다。

이와같이 실험하여 파종한지 제 3일되는—4월10일 오후 4시경에 반수이상이 발아 (發芽) 되었으며, 그일흔날 (4월11) 오전 11시경에는 전부로 발아되었다。

모싹을 어떻게 자래울가。

모싹을 자래우는데는 보통밭에 심어놓은 모를 자래우거나 랭상에서 자래우는것보다 온상에서 자래우는것은 매우 어렵고 복잡한 관게로 상당한 긔술과 경험적 실습이 있어야 한다。

온상에 파종한 종자로 붙어 싹이 땅 우으로 올라온뒤에는 해빛과 공긔를 더 요구하게 되는데 딸아서 낮이면 덮개를 낮으막하게 열어놓을것이며, 또는 밤사이에 모종이 얼지않도록 하기위하여 유리틀안의 온도가 8°c 이상이 되게하며, 만일에 싹이 너무 빽々하 잘자라지 못하게되면 솎구어 주어야 된다。

그림 11. 싹을 솎구는것。

만약, 땅우에 싹이나온후에 온도의 조절과 공긔의 류통을 적당히 하지못하면 다두배채의 모는 만저 병해에 걸리어 많은 손실을 보게되며, 간혹 병에 걸리지 않은것이 있어도 연약하고, 자라는 중에 중독을 받는 관계로 밭에 이종하여 놓으면 인차 죽어버리며, 성숙이 된것도 역시 완전한 수확을 얻지못하게 된다。

그리고 특별히 온상에서 다두배채의 모는 2—3개의 닢사귀가 될때에 가장 위험한것은 립고병(立枯病—서여서 마르는병)인데 이 병이 발생하는 원인은 역시 온상에 항상 습기가 돌고 태양이 적당한 도수로 빛외이지못하며, 공기 류통이 적은데로 붙어 발생되는것이다。 그런 까닭에 온상의 위치는 항상 조강하고 태양이 잘 빛외이는 곧으루 정하며, 날마다 창을열어 공기가 잘 통하게하는것이 필요하다。

실험의 결과에 의하면 모싹이 땅우에 나올때로붙어 뽑아 옮길때까지에 제일 충실하고 병해에나 혹은 연약한것이 없이 잘 자라는 온도는 평균적으로 11°, 12°, 13°이며 6°, 8°, 에서 자란것이 비교적 충실치못한것을 실중에서 얻게되었다。

랭상을 만드는 법은 어떠한가。

랭상을 만들때에는 그위치를 온상의 위치와 같은 곧을 정하여 가지고 보통 그 넓이는 150 cм. 길이는 400—650 cм. 이 되게하고 물론 일즉이 모를 자래우려고 할때에는 그 깊이를 50 cм. 가량되게 파내인후에 오양간 두엄을 펴고 발로밟아서 모래 20%, 토양 50%를 섞어서 펴고 파종하며, 유리창문대신에 짚—거적을 덮어서 밤이면 찬이슬과 랭기를 막으며, 낮이면 전부 열어서 태양의 광선을 잘받도록 하는것이 원측이다。

또 이밖에 한가지 방식은 전과같이 위치에 구덩을 파지 않고 길이를동남으로 향하게 한후(길이는 관리하기에 편리하도록 할것이나 대개로 500—800cm되게)발열재료를 넣지 아니하고 가는 모래가 30%가량이나 섞은 양토를 30—35cm 되게 고루펴고 그우에 파종하며, 심한 온도에서 나는 고병(枯病)을막기 위하여 사면주위에 기둥을 세우고 그리굵지아니한 나무를 가로대인후에거적을 덮는다。

그림 12. 랭상。

그리고 랭상에 파종하는법은 온상에 비하여 별차이가 없으며, 특별히 주의할것은 날이 감을거나, 혹은 태양열이 심하여 모판에 흙이 마르면 모도 역시 시들어서 완전한 발육을 얻지못하나니, 그런때에는물을 고르게 주

그림 13. 물을 주는 모양。

어서 항상습기를 보충하도록 하여야 되는데 물은 언제던지 분수기로 주어서 모가 상치않도록 할것이며, 물을 넘우많이 주어 모가 연하여지지 않도록 주의하며 물은 언제던지 저녁때에나, 혹은 일은 아츰에 주며, 모가 넘우많아서 발육이 불충분할때에는 간격이 고르게 솎구어 내어 발육에 지장이 없도록 할것이다。

모를 어떻게 심을가。

채포 꼴호즈와 일반 농촌에서 채포수확을 위하여 투쟁하는 동시에 특히 다두배채의 수확고 향상을 위하여서는 물론 온상을 리용하여야 충실하고 건강한 모를 얻을 것이다。그러나 이와같이 모판을 리용하여 충실한 모를 자래우었다 하여도 모를 뽑아 옮길때에 잘못 옮기면 많은수확을 얻지못할 것이니 一경리에도 큰 관계가 있으며, 일년의 모든 생산계획을 파탄 시길것이다。그런 까닭에 우리는 모종을 잘 자래우

그림 14. 모를 옮기는것。

는 기술과함께 모를 심우는 기술까지 소유하여야된다。

모를 심우는데 대하여서도 여러가지 방식이 있다。그런데 우리 원동 각 꼴호즈에서 심우는 방식을 본다면 대개 일즉이 심우는 종자는 45—55см, 늦게 심우는 종자는 70—80 см, 여간을 두고 심우며, 모판에서 모종을 뽑을때에도 큰것은 모조리 뽑아서 손에 한줌식 쥐이고 나무송곳을 만드러 가지고 구멍을 뚤분후에 모종을 세워 놓고 묻는것이 통례이다。그 결과에 가서는 폭이마다 완전히 오굴지 못하므로 완전한 수확을 얻지못한다。

우리는 그와같은 방식을 퇴치하여 버리면서 경험과 과학적 방법에 의하여 위선 온상에서 모종을 속굴때에 폭이마다 잘 살피어야 된다。묘두 (苗頭—속괴악이) 가 없는것과 걷껍질이 터진것들을 죄다 버리고 제일 튼튼하고도 발육이 잘된것을 선택하되 특별히 주의할것은 병의 전렴성을 가진것은 한곧에 모아서 불에살너 버리던지 땅속에 깊이묻어 버리어야 한다。온상에서 흔히 생기는 립고병에 걸린 모종은 지면으로붙어 1—2см. 여간에 검어 얼너진점이 있는데 이와같은것을 심으기만하면 나종에는 전 채원에 전렴이되어 손실을 당하게되는 일도 있다。

그림 15. 닥두배채。

다두배채를 심우는데 대하여 특별이 시험한 여러 가지 방식에서 심운것을 참고적으로 하려 하다。

온상안의 평균기온이 12° 되는데서 충실하게 자라 5닢사귀가 될때에 (싹이 난날 붙어 37일만에) 제일 굳센것을 정밀이 택하여 심우어야 된다。동시에 실험적으로 모를 가리어 심운것과 가리지않고 심운것의 수확고를 비교하여 본결과에 그 성적은 담의 표와 같으다。

구 분	폭이수	의종날자	수량		비 고
			К	Г.	
가리어심운것	100	20/V	180	700	병들어 잘못된것 3폭
가리지않고 심운것	100	20/V	132	970	병들어 잘못된것 12폭

이와같이 실험한 재료에 의하면 가리어 모종한것과 가리지않고 모종한것에 큰 차이가 있나니 각 꼴호즈와 채소징는 경리에서 반듯이 주의하여야 할것이다。

실험에서 얻은 몇가지 방식。

첫 재 방 식 은 다두배채가 잘 될만한 토질을 택하여 가을에 미리 추경을 하엿다가 일은봄에 잘 썩은 퇴비(堆肥)를 펴고 다시 갈아서 땅이 잘 피게 하엿다가 모를 옴길때에 양가댁이로 이랑을 추어놓고 모를 심으되 70см.여간에 한폭이식 옴길자리를 정하고 나무로만든 송곳으로 우묵하게 자리를 내인뒤에 모종을 그자리에 세워놓고 흙으로 잘묻은후에 물을주고 심우는것이다。

둘재방식은 첫재방식에서 말한바와 같이 토지을 정리한뒤에 먼저 심울자리를 정하여 놓은후에 보통 고려농촌에서 사용하는 호미로 6cm. 가량되게 홈을 짛어놓고 그홈에 물을주어 물이 땅속으로 자저들기 시작할때에 모를 심우되 폭이는 북쪽으로 향하게하고 (모를 옴길때에는 남풍이 잘부는 까닭에 모종을 남쪽으로 향하게 하면 바람에 요동되어 뿌리를 박는데 지장을 줌으로 북쪽을 향하게함) 흙을 덮는 것이다。

이상에 지적한 두가지 방식에 대하여 실험에서나타나는 결과를 말하면 첫재방식에 의하여 모종을 심어놓은후에 물을준것은 로력도 적게들고 헐하여서 1객따르에 2만폭이를 심우는데 30일 로력을 리용하면 다 심은다。

그러나 심어놓은후에 비가 오지아니하고 또는 토지가 다소간 메마르기만하면 완전한 생육을 얻지못하고, 말라버리는것이다。간혹 말라버리지않고 자라는것이 있다고하여도 새뿌리를 속한기한으로 땅속에 박지못하는 까닭에 중독을 받기쉽으며 둘재방식에 의하여 모를 심울때에 물을먼저주고 모종을놓은후에 흙으로 덮는것은 첫재방식을 리용하는것보다 로력이 많이들게된다。한객따르에 2만폭이를 심우는데 36일품이 들게된다。

그러나 모종을한후에 날이감을거나 약간 매말은토질이라도 습기를 잘 보충하는관계로 아모지장도 받지아니하고 속한기한에 새로나오는 뿌리가 잘아서 말라죽는폐해가 없다。

그런까닭에 토지가 습하거나 또는 날이 감을지아니하는 해에는 첫재방식을 리용하는것이 로력편으로보던지, 많은면적을 심우게되는 편으로는 썩낫다。그러나 토질이 매마른 지방이라던지, 날이감을어서 모가 잘자라지 못할경우에는 둘재방식을 리용하는것이 필요하다

먼저 물을주고 심운것과, 심운후에 물을준것과,

도모지 물을아니준것을 실험한 비교표:

모종한방식	모종한 날자	실시한 비료	폭이수	습기있는 땅의수량		%	간조한 땅의수량		%
				к.	г.		к.	г.	
물을주고 심운것	25/V	인 분	100	162	480		174	350	
심우고 물을준것	25/V	인 분	100	154	70		165	—	
도모지 물을 아니준것	25/V	인 분	100	130	—		95	870	

모종에대한 특별주의。

다두배채의 모를 옴길때에 그 뿌리를 물에다가다소간 헤워 뿌리에묻은 병지흙을 없시하여가지고 심우기도한다。그런데 이와같은방식을 리용하는데는 비가오아시 모를 옴길밭이 좋거나 또는 장마가저서 항상밭에 흙이 줄벅줄벅하던것이 갑작이 해빛이나서 땅우이굳어질때에는 무엇보다도 꼭 이방식을 리용하여야한다 이것은 무슨리유인가 하면 다두배채 모종이 모판에서자란 뿌리가 이종(移種) 한후에 그 세근(細根) 이 더

자라지 아니하며, 모판에서와같이 그 뿌리도 토양 모든양분을 흡취하게 되는것이아니라, 새로 많은뿌리들이 발생되므로 붙어 양분을 흡취하게되면서 완전한발육을 엄게되는데 모종하는땅이 즐거나 또는 매말은땅에 모종의뿌리를 물에 헤우지아니하고 심우면 본래 그 뿌리에 묻어있는 흙덩이가 점점 굳어지면서 한데엉키어 새뿌리가 생기는데 지장을 주게된다。

딸아서 그와같이된 모는 속한기한에 자라지못하고 날이 심히 덥다던지 넘우 갑을다던지하면 필경은 죽어버리며 간혹 살어난것이 있다하여도 중독을 받아서 더되게자라며, 늦게 총이앉게되는고로 수확에 역시 많은감소를 당하게되는 폐해가 생긴다。

그런까닭에 기후와 토질을 관찰하고 모를 헤우어서 심울것이니 이가같이 모를헤우어서 심우면 기후와 토질에 별반지장이 있다하더라도 새뿌리가 속히발생됨으로 성육(成育)에 충실하며, 겸하여 수확을 많이향상시긴다。

그리고 특별히 모종할 토지의 바탕의 첨질(粘質)이적고 습기가 적당한경우에는 물에다가 헤울필요가 없으며, 만일에 모가말러서 시들시들하여 생기가 없을때에는 물을 고르게뿌리어 심우되 뿌리에 흙이 싯기우지않도록 하는것이 도로혀 잘자란다。또는 이외에모종의 성숙을 빨리시기기 위하여 리용하는 방법도있나니 온상에서 모를 뽑아가지고 그 뿌리를 1/3즘 잘나서 심으는것이 가장 리릅은방법이다。

채포팔호즈와 일반 채포원에서는 수확의 판개가모종을 잘하고 못하는데도 있는것을 리해하면서 지방의 긔후와 토질, 및 긔타모든 경험적 조건을 관찰하여모든 합리적방법을 리용할것이다。

간격을 어떻게 정하여 심을가。

어떠한 작물이던지 밀도가 고르어서 공긔 류통이 잘되고 태양열을 곧게받어야 잘자라며, 병해에 걸리지않고, 결실도 완전하게 되는것이다。그중에도 특별히 원예작물에 있어서는 보통작물보다 달라서 직접밭에 씨를 십운다던지, 모종 한다던지는 물론하고간격이 고르지않고 넘우 드믈거나, 배거나, 겹세우개되면 수확의판개는 말할여지도 없거니와 파실나무같은것은여러해동안, 살지못하개되어서 폐원 (廢園) 되는일도 많이 있개되며, 다두배채는 반소작도 못얻개된다。

그런까닭에 무엇보다도 모종을 할때에는 그간격을 바로정하여 그 작물이 자리는데 조곰도 영향을 받지 아니하고 충실하게 자라도록 하는것이 과학적으로 수확고를 높이는데 한조건이된다。딸아서 다두배채를 십우는간격은 그 종류와 토질과 긔후와 일즉십우고 늦게십우는데 딸아서 정하개된다。

실험에서 얻은성과를보건대 일즉심우는것과 늦게심우는 종자에대하여 그 간격을 서로달으게 정하여야하는데 일즉되는종자는 45—55cм. 어간에 한폭이식 심우며, 늦게되는 종자는 70—80cм. 어간에 한폭이식 심우는것이 적당합다。만약 로질이 비옥한데는 간격을 짧으게하며, 토질이 척박한데는 간격을 늘게정하여야 된다。이것을 실험에서 얻은것으로 소개하면 담과같으다。

밀도의 차이에서 얻은 수확 비교표:

파종한 귀일	실시한 비료	제초의 회수	1 평방 메뜨르 의밀도	수확량		%	비고
				к.	г.		
10/V	인분, 요	3 벌	4폭이	9	250		
10/V	인분, 요	3 벌	3폭이	9	800		
10/V	인분, 요	3 벌	2폭이	7	000		

비고 : 다두배채를 이종하는데는 삼각형 (세귀나게심우는것) 으로 심우며, 겍따르에 보통 25,000폭이를 심우는것이 수확고향상에 제일성적이 우량하다。

깊이심우고, 옅게 심우는데 무슨 관계가 있는가。

현하 채포에대한 주업적이나 부업골호즈를 물론하고 다두배채를 모종하는데 있어서 많은 결점들은 가지게된엇다。이제 그 실례를 들어 말한다면 다두배채모를 심우는데 제일건강한것으로 가리지도않고 어린모를 막우섭어서 뿌리가 한데 뭉치게되며, 또는 깊게도, 엷게도, 되는대로 심우어서 자라는데 일정치못하여 많은충하가 생기고 소작도 뜰어든다。

그뿐만아니라 귀한토지를 랑비하는 폐해도 생기게되나니 이것은 모종을 잘못하는데로붙어 상당한 발육을 얻지못하게한 까닭이다。어떠한 작물을 물론하고씨를 고루심우지 못하거나, 일정하게 묻지못하면 로력은 많이들고도 수확은 낮어지는것이다。그런데 다두배채모종에도 이와같은일이 많이있다。

보통모종을 하는데는 될수있는대로 깊이 심우지말고 엷게심우며, 흙을덮은후에, 땅땅하게 누르지 말어야되는데 이것도역시 긔후와 토질에 다소관계가 있다。땅이 매마르고 날이 감을때에는 깊이심우고 두텁게 묻을것이며, 토질에 습긔가있고, 날이 흐릴때에 엷게심우고엷게묻어야한다。만일 모종을 깊이심우면 잘자란다고 하여도 다두배채의 닢사귀가 퍼지게되면 땅밑에 덮이우어서 공긔가 잘 류통되지못하고, 태양열을 잘 받지못하게 되는관계로 병해에 많이 걸리게되며, 또는 썩어버리게 되는 례가 많이있고 후치질을 할때에 흙밥이 다두배채속에 많이 들어가게되어 모종은 생긔를 내지못하고 더욱 연약하여지는 폐해가 있나니 일반 채포꼴호즈에서는 모를 옴기는데 특히 주의하여야 될것이다

모종하는 시일의 관계로 차이되는 수확량。

실시한 비료	기슴 매는수	파종한 날자	폭이수	수확량		비고
				кл.	г.	
인분, 요	3 벌	10/V	20	34	000	
인분, 요	3 벌	19/V	20	34	800	
인분, 요	3 벌	20/V	20	26	700	
인분, 요	3 벌	30/V	20	21	200	

꼴호즈의 농업을 발전시기며, 수확고를 향시기는데 가장중요한 조건은 이에 적옹되는 토지를 선택함에있나니 각 꼴호즈에서는 그 지방의 토질을 분명히 관찰하여가지고 그 토질에적당한 작물을 심우는것이 꼴호즈의 경리를 장성시기는데 큰 의의가 있는것이다。더구나 채소작물에 있어서는 어떠한 종류를 물론하고 그 작물에 적당한 토질을 선택하여 심우는데 많이 주의하여야 될것이니 채소를 짛는 꼴호즈니크들은 토질에대한 문제를 과학적으로 연구하며, 작물을 배양하는데 기술적으로 수확고를 높이면서 질적가치를 향상시기는데 특별히 낱을 돌리어야할것이다。

그러므로 만저 그 지방의 토지에서 자라는 식물들의 종류가 서로 다른것을 보아서 그 토질에 대한 성질을 짐작할수있나니, 례를 들면 잔듸풀이 많이 나는 곧은 항상 습기가 있고, 새와 싸리가 많이 나는 곧은 심이 조강하며, 깸나무와 쑥같은것이 많이 나는

데는 토지가 다소간 간조하나, 토질이 좋아서 채소를 심으기에 적당하다。

뿐만 아니라 평지와, 경사지에 대하여서도 관계가 있나니 경사지는 일반적으로 보아서 공기류통이 잘되며, 태양을 잘 받게됨으로 채소를 심으는데 병파 해충에 대한 침해를 덜 받게된다。 그러나 경사지도 그 위치를 딸아서 여러가지의 자연관계를 많이 입게되나니 서남로 경사된 땅은 온도가 가장높고, 긔온의 변화가 많으며, 서풍에 다소간 손해를 당하게되며, 북쪽으로 향한 경사지는 항상 온도가 높으지못하고, 태양열을 잘 받지못하게되는 관계로 채소를 심우기에는 적당치 못하다。

만일 경사지에다가 채소를 심운다면 남향의 경사지가 제일 적합하다고 볼수있으나 그것도 역시 토양의 성분에 딸아서 관계가 있다。그런데 채소중에도 그 종류에 딸아서 요구되는 위치와 토질이 서로 각각 달으게되나니 다두배채는 흙이너무 조강하지도 않고, 습하지도 않으며, 딸아서 산 옆이나, 골작이도, 아닌 평평한 곧이라야 된다。 땅이 넘우 조강하면 모종할때와 모종이 자랄때에 물을 치는것에 많은 로력이 들게되며, 습긔가 많은 곧에는 잘 자라지도 못할뿐만 아니라。 병해에 걸리기 쉽다。

그러므로 서남편이 다소간 경사가지고 동북편이 약 막힌곧은 긔후상으로 보아서 매우적당하며, 또 이러한 지대에 검은양토에 사질이섞인 토양이라면 더욱 좋을것이니 이러한 토질에는 밭가리와 모종을 하는데 쉽으며, 기음에도 로력을 적게요구하며, 공긔류통이 잘 되고 해빛을 잘 받으며, 가물이 얼는 들지않으므로채소가 잘 자라며, 딸아서 많은수확을 얻게된다。

사질양토와 첨질양토에서 얻은 수확고의 비교 (다두배채)。

파종한 날자	실시한 비료	제초의 회수	간격의 밀도	사질 양토 1평방M. 수량		수확의 %	첨질 양토 1평방M. 수량		수확의 %
				K.	Г.		K.	Г.	
10/V	인분	3 벌	3 폭	9	800	350	7	400	279
10/V	구비	3 벌	3 폭	7	300	267	6	700	238
10/V	재비	3 벌	3 폭	8	400	275	7	800	284
10/V	—	3 벌	3 폭	3	700	132	2	800	100

비고: 끌호즈 실험농장에서 수확량을 조사한결과에 1평방메뜨르 면적에서 평균 1,400그람이 되었음。

채소가 잘되지않는 몇가지토양。

1. 단단한 괴질흙이 섞인밭에는 채소가 잘 되지못하나니 씨앗을 심우면 잘나지도 않으며, 수확이 아조 적게난다。이따위토질은 공긔가 잘 류통되지못하고 수분이 잘 통하지못하며, 비가오면 습긔가 얼는빠지지못하고 이어 굳어진나。그래서 작물의 뿌리가 길지못하고 넓이 잘 피지지 못한다。

2. 사질이 많이섞인 토양에도 채소가 잘되지 않는다。수분과 공긔 류통이 잘되어 밭가리는 하기쉽으나 비료의 양분을 보충하지 못하는판게로 채소가 잘 자라지도 못하는중에 온도가 항상높으며, 가물이 잘 들게된다。

그러므로 이와같은 밭에는 석회나, 혹은 니탄같은 것을 뿌리어 토양을 개량하여가지고 심을것이니 석회를 실시할때에는 먼저 그 분량을 정하여주어야 되는데 매질이섞인 땅에는 1ra에 3—4,5돈, 사질토 1ar에는 1,5—2돈을 주는것이 특별한 효과를 얻게된다。

그리고 석회를뿌리는방법을 파종할때에는 사용하지 말고 추경할때에 쓰되, 새 모래를 3배가량이나 고루 섞어서 주어야되며, 싹거름에 섞어서주면 토질개량에더욱필요하다。점질이 많은밭은 습긔만 잘빼면 소출이많이나게되며, 석회질땅에는 비료를 많히주고 심우면 근채류가 잘된다。

그러므로 일반꼴호즈에서는 제일좋은밭을 가리어서 채소를 심우는 일에만 치우치지말고, 어떠한 토지던지 개량할 방침을 연구하여 다순경작제를 실현하여야 된다。

채소의 수확을 높이려면 반듯이 추경을 하여야되며, 위선 파종을 성과있게 진행하여야 될것이다。딸아서 파종을 제시긔에 진행하며, 유일한 보충조건은 무엇보다도 그 안해에 추경을 계획대로하며, 추경의질을 향상시기는데있나니 이것을 성과있게 실행하려면 반듯이 추경이 채소의 수확에 어떠한관재가 있다는것을잘 알어야하며, 경험에서와 학리상으로 연구한 파학적방법을 알어야된다。

채포업에서 경험이많은 동무들은 추경이 토질에대하여 어떠한관재가 있다는것을 잘 알것이다。본래 채소를 심우기에 적합한 토양이라 할지라도 개량이없이는 완전한 수확을 얻지못할것이며, 비록 척박한토양이라도 파학적으로 개량하며, 추경을 적당하게하면 채소심우기에 적합한 토양이되게 할수있는것이다。어떠한토양을물론하고 추수한담에 인차추경을 하지않고 그대로 내어버려두면, 토질은 점점 굳어지는중에 모든 잡초의뿌리까지 서로 엉키어서 분해작용이 되지못하므로 차차 더 굳어지어서 공긔와수분이 류통되지 못하며, 또는화해(化解) 되지 못하므로 이와같은 토양에는 어떠한작물이던지 그 뿌리가 벋는데 큰 방해가되며, 작물에양분을 만들어내는 박데리아가 발생치못하므로 작물은잘 자라지못한다。

특히 채소는 보통화곡작물과 달라서 무우등속은밑이 잘 들지않으며, 배채등속은 통이 잘 들지못한다。

그러므로 어떠한 토지던지 제때에 추경을하면 그 수확을 20—30%까지 향상시길수 있는것이다。같은토양으로도 추경을하고 아니한밭에 수확의 차이를 소개하면 담과같으다。

실험에서 얻은 통계표。

번호	채소의 종류	추경을 못한 밭	추경을 한밭	춘, 추경을 한밭
1	감자	100 %	118 %	124 %
2	다두배채	100 %	114 %	118 %
3	마르꼽으	100 %	128 %	134 %
4	쓰뵤클라	100 %	124 %	125 %
5	열콩	100 %	114 %	122 %
6	노배	100 %	113 %	118 %
7	닢배채	100 %	116 %	117 %
8	사탕무우	100 %	121 %	129 %
9	불누까	100 %	119 %	128 %
10	봄무우	100 %	112 %	120 %

이상의 양식밖에도 특별히 점질이 많이 섞이어서 채소가 잘되지못하는 토질에 대하여서는 추경하는것이 더욱 필요하다。그 리유는 수확을 곱이나 높이게되는 것이다。본래 토양은 작물에게 양분이될만한 용액(溶液)을 분배하면서 부분적으로는 토양의 자체가흡수하고 또는 저축하면서 그를 갈 보관하는 성질이 있음으로 작물이 자라는때에 모든 요소의 비분을 작물에게 고르 보내어 주나니 특별히 우리의 안목으로는볼수없는 미생물—박떼리아를 발생케하여서 토양의 성분을 분해시기어 작물에 요소가되는 질소, 린산, 가리같은것을 만들게된다。이와동시에 우리원동의 토지는 대개 점질이 많이포함되어 있음으로 추경을 하지않으면 위선 미균—박떼리아가 발생되는데 막대한 지장을 주게됨으로 수확에 큰 관계가된다。

추경에서얻은 여러가지 경험과효과。

추경은 어떠한토지를 물론하고 토지를 개량하는데와 수확을 높이는데 여러가지 유익을 주는것이다。그러나 다만 모래가 많이섞인 토지에 대하여 추경을하는것은 도리혀 손실을 당하게되는 사실이있나니 가령 모래가 많은땅을 추경한다면 파종시기에 흙이간조하여 씨앗에 싹이 잘 트지않으며, 또는 가물을 잘 타는관계로, 비가 잘 오지않는해에는 수확에 손해를 받게된다。그러나 이와같은토질을 제하고는 추경하는것이 수확고를 높이는데 직접, 간접으로 큰 의의가있나니 감자, 무우등속의 근채류는 그뿌리를 땅속에 깊게박는까닭에 깊은땅속에 포함되여있는 양분을 흡수하며 다두배채와 넓배채등속은 뿌리를 깊이박지못하므로 토양의 표토(表土)에 포함되어있는 양분을 흡수하게된다。

이러므로 추경을 실시하면 위선 토양을 분해시기는 작용에만 끊지는것이 아니라 밑에흙과 우에흙이서로 섞이우면서 양분을 고르게 조화시기며, 토양을 해빛에 고르게태우며 부드럽게 만들어줌으로 채소의 씨앗에서 싹이나는데와, 자라는데 큰 도음을준다。그리고 어떠한 해충이던지, 그유충(幼虫)이 칩은겨울을 지날방법은 곡식뿌리에와 땅속에 숨어있다가 춘절을당하면 다시소생되며, 부화(알을까는것)작용을 일으킨다。

만일 추경을한다면 속에흙과 곡식뿌리들이 우으로 올라오게 되면서 해충과 그 알들이 겨울칩위에얼

어죽는까닭에 해충들을 예방하는데도 효력을준다。그뿐만아니라 각종채소들이 요구하는 비료가 서로 달은까닭에 토양에 남아있는 양분이 일정치못하게되는데 추경한 밭에는 비료부분이 섞이우게되며, 또는 토질이가을볕에 타며, 겨울칩위에 얼어붙게됨으로 토질이 부드럽어지며, 온도가 높게된다。그러므로 추경한밭은 자연히 비옥하여진다。비료를 적게주어도 수확이 높아짐으로비료가 절약되는 관계도있다。

추경하는 방식。

추경에대하여 두가지방식이 있나니, 첫재는 깊이가는것이며, 둘재는 옅게가는것이다。

첫재방식과같이 깊이갈아번지면 채소들이 뿌리를깊게박으며, 양분을 흡수하는면적을 넓게차지하며, 밑에있는 생땅의 토양도 성질을 개량시기는것이다。

그러나 깊이가는데 대하여 주의하여야 할일은 밑에흙이 항상굳어서 수분이 갇아있거나, 또는 농작물에 양분이될만한 비분이 없는토양에 깊이가는방법을 리용하면 성과를 얻지못할것이니 그는 곳 땅밑에짜개돌이 많거나, 농작물에 해롭은 물질이 많이 포함되어 있는 토양이 우에루 올라오는까닭이다。

수분이많고 랭습한토지에는 추경하기전에 먼저 수도를처서 물을 뽑아버리고 깊게갈아 번지는것이 가장 필요하다。

채포원의 밭갈이는 보통 그 깊이를 20—22см 가량이되게 가는것이 필요한데 특히 주의할것은 첫해에는 엳게갈며, 그이듬해에는 깊게가는방식을 순차적으로 해마다 번갈아 리용하여야 되나니 이것은 첫재로 작물이 토양가운데있는 양분을 흡수하는데 관계가되며 둘재로는 금년에 깊이갈앗던것을 명년에 엳게갈면 잡초들의 종자가 땅속에 묻히어 썩는까닭에 리롭은점이 많다。

그런데 넘우깊이갈거나 넘우엳게 갈게되면, 달은작물보다도 더욱히 채소작물에는 반소작도 얻지못할것이니 각 쏠호즈에서는 추경에대하여 해마다 검정수ㅅ자100% 를 제시긔에 실행하며, 또는 넘치어 실행할것이며, 또는 봄파종을 적당한 제시긔에 과학상원측을 응용하여야될것이다。

채포원의 추경은 어떻게할가。

아모리 좋은 토지라도 밭가리를 잘하지 아니하면 농작물의 수확고를 높일수가 없다。 그러므로 밭을 제시긔에 갈며, 또 파종할 씨앗이 싹나는때로 붙어 자라는 동안에 공긔와 수분이 적당하도록 잘 류통되게하며, 작물에 방해주는 잡초들을 없이하고, 두엄도 효력이 있도록 묻어주어야 한다。

만일에 밭을 잘 갈지아니하거나 또는 제때에 갈지못하고 늦게 갈아 번지면 자연히 굳어지며, 잡초와 해충들이 많이 생기어 토양을 척박하게 만들며 높은 온도를 보장하지 못하게되는 관계로 씨도 잘 붙지 않고, 딸아서 잘 자라지도 못한다。 그런데 밭가리는 될수있는대로 밭이 즐거나 넘우 마른시기를 피하여서 갈아야 되는데 특별히 우리원동의 토지를 대개로 관찰하여보면 점토질이 많은까닭에 만약 밭가리를 하여좋은후에 비가오면 갈아좋은것이 굳어진다。 그러므로 다시갈고 심우어야 완전한 수확을 얻을 것이다。 더구나 채소는 특별히 토지의 양분을 많이 흡수하는 관계로 토지의 힘이 빨니없어지는것만콤 밭가리를 합리적으로 실시하며 기타 토지개량 방법을 적용하여야 수확고를 향상시기게 될것이다。

밭가리의 몇가지 방식과 그의 리해。

발가리에 몰갑이와 이랑가리의 방식이 있는데 채포에는 이랑가리가 가장 적당하다。 그런데 주의할것은 추경에 대하여서도 말한바와 같이 생흙이 나도록 넘우깊게갈아서는 아니되나니, 표토만을갈아서 채소가 자라는 동안에 양분을 많이 흡수하도록 하여야된다。

이것도 역시 밭의 성질과 채소의 종류에 딸아서 다소간 관계가 있나니 검은 표토가 깊거나, 또는 감자와 무우등속의 근채류를 심을 밭이면 비교적 깊이 갈아서 (18—20cм.) 뿌리가 잘 들게하며, 기타의 작물을 심을때에는 16—18cм. 되게 가는것이 가장 필요하다。 어느 지방을 물론하고 채소 심우는 토지는 특히 비옥한 토양을 선택하려니와 토지가 비옥할사록 밭가리는 어느한도까지 깊게 가라야된다。

채포원의 정리。

채소는 특별이 다른 작물과 달라서 밭가리를 한담에도 로력을 많이 들이어야 되나니 갈아놓은 밭에서 풀뿌리와 묵은 곡식뿌리를 없이하며, 기타 건불을 다 걷어내인후에 비료를 많이 덮는다。이렇게 하여야 땅이 굳지않고 흙덩이가 잘 용해되어 채소의 싹이 잘 발육되며, 뿌리도 굽어들지 않는다。채소가 잘되고 못되는것이 채소원의 정리를 잘하고 못하는데 달리었다。

그리하여 채소를 심을 밭에 바람이 잘 류통되고 해빛을 잘 받으며, 흙덩이가 잘 풀어지어서 뿌리를 잘 박아야 채소가 빨리자라며, 특히 다두배채는 통이 잘 읶는다。

그러므로 묵은 밭을 경작할때에는 풀들을비어 한데 뭉이여 놓고, 불을 살은 후에 얽키어 있는 풀뿌리들을 들추어 멀리내어버리고 16—18cм의 깊이되게 가라두었다가 다시 이듬해 봄에는 20—22cм의 깊이 되게 번지고 둔덕을 짛어야 되는데 둔덕이 크고 적은것은 관리에 편리하도록 할것이나 대체로 둔덕의 넓이를 1м. 길이는 15—20м. 가량되게하는것이 가장 합리적이면서도 관리하기에 편리하다。큰 채포 경리에서 채소를 많이 심울때에는 가닥이도 이랑을 잘 추어놓고 심우어도 무방하다。이랑을 넘우 넓게만들면 깃음

맬때와 괴타 여러가지로 로력하기에 불평을 늣기게되며, 또 넘우 좁게 만들어도 채소의 발육에 장애가된다。

그리고 둔덕의 높이는 밭의 형편을 딸아서 정할것이니 넘우 조강한 땅에는 그 높이를 10—15cм 되게하며, 수분이 적당한 밭에는 20—30cм 되게하며, 습긔가 많아서 항상 밭이 즐거던 60—70cм로 하는것이 가장 적당하다。

이렇게 심어놓은 둔덕은 해빛을 잘 받으며, 공긔가 잘 류통되어서 비가 오아도 물이니어 빠지게되며, 대한에도 한재가 잘 들지않게된다。 특별히 사질이 많고 조강한 밭에는 둔덕을 만들지않고 심우는것이 도리혀 로력이 적게들며, 후치질과 깃음 매기에 대단히 편리하다。 그러므로 각 채포원마다 채소의 수확을 위하여 채포원을정리하는데 모든 긔술과 로력을 옮게 조직하여야 된다。

륜작 (긂으받굼) 법에대하여 한 밭에다가 한종류의 작물을 여러해동안을 계속하여 심우면 토질이 점점 척박하여지고 그에서 나는 수확도 점점 감소되는것은 누구나 경험으로 다 알것이다。

그러므로 농업이 그리 발달되지못한 시대에서도 밭을 묶이는 방법을 리용하여 수확고의 향상을 도모하엿다。 그러나 이와같은 방법은 개척할 미간지가 많은 시대에서, 더욱히 발달되지못한 방식이다。 지금같이 발전된 농업시대에서는 결코 실행할수 없는것이다。 륜작법은 아시아식 농작에서 실현하는 긂으받굼이 곳 그것이다. 다시말하면 흰긁으(조, 피날같은 화곡작물을 심은 긁으)와 검은 긁으(콩, 열콩등의 숙곡류를 심은긁으)의 두가지 방식을 서로 교대한다. 작물들의 종류에 딸아서 그 요구하는 양분이 서로 다르게 되므로 륜작법이 농업에 요구되는것이다.

지금 과학적으로 발달된 륜작법의 방식을 말한다면 무엇보다도 비료를 절약하며, 토질을 개량하며, 수확고를 높이는것이다. 각종 작물들의 성질과 토양의 성분을 참작하여 절차있게 심우는 륜작법이 있으니 보통 농작물에 대하여서는 삼포륜작, 사포륜작, 칠포륜작등이 있고, 특별히 채소에 대하여서도 삼포륜작법이 있는데 이방법은 토질의 성질을 보아서 각종작물(엽채류: 닢배채, 다두배채, 시금채, 상갓……등), (근채류: 무, 로배, 감자, 스뵤클라, 불루까, 마르곱으…등), (숙곡류: 열콩, 원두…등)의 요구하는 양분이 포함된것을 참작하여 3개의 우차쓰크로 난호아서 이상에 지적한 종류들을 심우고 그담에는 순서적으로 규측있게 번라가 심우나니 긁으 받굼에 대한것의 례표는 아래와 같으다.

삼순 경작의 례표.

제일년	다두배채	감자, 무우	열콩
제이년	감자, 무우	열콩	다두배채
제삼년	열콩	다두배채	감자, 무우

륜작의 효과。

첫재: 비료를 절략하게 되나니 어떠한 토양을 물론하고 작물에 양분이되는 화학적 원소가 있는데 채소들도 그 자라는 동안에 각각 요구하는 원소가 서로 달라서 더많이 요구하게되는것이 있으니 무우, 불루까, 마르곱으, 사탕무우, 스뵤클라ー근채류는 카리움(加里)이 많이 요구되므로 만일 한 밭에다가 해마다 계속하여 한종류의 작물만 심윤다면 카리움이 점점적어지어서 이와같은 종류의 채소가 잘되지못할것이니 이때에는 질소를 많이 요구하는 닢배채, 다두배채 등을 받구어 심우면 그 밭에 남어있던 질소는 무우등속이 적게 요구하였으므로 이 채소는 잘될것이며, 그후에도 이방식으로 교대하여 심우면 역시 많은 소출을 얻게될것이다。 딸아서 이와같이 륜작을 실시하는것이 자연적으로 비료를 절략하게되므로 팔호즈의 로력까지 절약하게되는 리익이 있다。

둘재: 해충과의 투쟁하는데 큰 방법이 되나니 한 종류의 채소를 한밭에 계속하여 심우면 그 채소에서 생기는 해충들은 일층 더 심하게되어 래종에는 소작을 못얻는 일까지 있다。 그러므로 해마다 그 해충이 먹지못할만한 채소를 받구어 심우면 해충들은 자연이 소멸되며, 감소되는 까닭에 채포경작에 있어서 륜으 받구는 법을 리용하면 해중을 소멸시길수 있다。

셋재: 여러가지 잡초들을 제거하게되나니 물외, 참외, 수박, 호박, 다두배채와 같이 닢사귀가 많이 무성하고 너출이 잘 벋는 작물을 심은 밭에서 나는 잡초들과 무우등속의 작물을 심은 밭에서 나는 잡초들이 서로 다르다.

일정한 밭에다가 한종류의 작물을 계속하여 심우면 잡초들은 더욱 번성하여 많은 해를 주게되나니 고으 밭구는 방법을 리용하면 잡초들은 자연히 감소되어 다시 번성하지 못한다. 그러므로 채포를 경영하는 각 팔호즈에서는 로력을 절략하면서 토지를 개량, 비료를 절략, 해충과 잡초를 제거하고 수확고를 향상 시기도록 하는 파업을 실행할것이다.

채포원과 비료.

어떠한 작물이던지 땅에서 나서 결실될때까지 양분의 큰 부분은 토양가운데있는 광물질을 적당한 해빛, 온도, 수분의 물리적 및 화학적 작용의 돕음을 얻어 흡수하는것이다. 이러므로 토지는 제가 가지고 있던 여러가지 양분을 점점 잃어버리게되어 시일이 가도록 척박하여 지나니, 그중에도 일반 작물이 제일 많이 요구하는 양분은 질소, 린산, 가리등이다.

이제 작물에 있는 성분을 분석하여 본다면 대긔중에서 직접 얻는것도 있지만은 다부분은 우에서 지적한바와 같이 토양에서 얻게되는것이다. 그리하여 작물이 요구하는 양분이 토양가운데 많이 포함되어있나니, 그것을 작물이 요구하는 분량대로 놓아주어야 그 작물에서 많은 수확을 얻게되는것은 누구나 다 알것이다。 그 취하는 양분의 분량과 성분은 작물의 종류에 딸아서 서로 달으게 된다。 보통화곡 작물은 질소와 린산을 많이 요구하며, 숙곡류—작물은 가리와 린산, 근채류—작물은 가리, 엽채류는 질소를 더많이 요구하게 된다。

작물에 대하여 비료를 줄때에는 그 비료의 성분과 작물에 요구되는 성분을 잘 살피어서 주어야된다。

만약 이에 대한 지식이 없이 되는대로 비료를 실시하면, 도로혀 작물에 많은 해가되나니 가령 숙곡류의 하나인 콩은 린산과 가리를 많이 요구하는데 이에다가 질소가 많은 비료를 실시하면 콩은 장차 잘 자라기는 하나 열매가 적게 맺으며, 결실까지 불충분하다。

그리하여 비료중에도 요소가 포함되어 있는것이 각각 달으며, 분량도 역시 같지아니므로 질소, 린산, 가리의 3요소가 포함된 그분량을 딸아서 질소 비료, 린산 비료, 가리 비료라고 하엿으니 이것을 자세히 분해하면 아래와 같으다。

I. 질 소 비 료。

각종 비료들중에 질소를 비교적 많이 포함한 비료는 인분, 요, 구돌재등이며, 구비(외양간 두엄)와 록비(풀썩은 두엄) 등도 질소 비료라고한다。 보통 이상에 지적한 비료들은 어떤 농촌을 물론하고 많은것인데 이 비료들의 작물과 보통 토양에 주는 효력들을 지적하면:

1. 이 비료들이 흙가운데에 썩이게되면 화학적 작용에 의하여 수분을 흡수하는 힘이 강하여지므로 여

그림 16. 비료를 저장하는 광경。

간한 한재에 피해를 받지 않게되는 효력이 있으며。

2. 해빛을 충분히 흡수하므로 토양중의 온도를 항상 높으게하여 작물의 생장에 많은 보조를 준다。 실험에 의하면 질소 비료가 화학적 비료의 파린산 석회, 유산가리, 염화가리 기타 콩깨묵, 지름깡지 같은 비료를 실시한 토양의 온도보다는 평균 $C\,2^{\circ}$ 이상의 온도가 높으게되는 관게로 우리 연해주 같이 랭습한 토양에 실시하면 더욱 효력이 있다。

3. 이 비료들은 토양의 성질을 개량하나니 특별히 점질이 많이 섞인 토질에 실시하면 공기와 수분이 잘 류통되어 토양의 성질을 성글게하며, 모래가 많이 섞이인 토양에 실시하면 수분을 흡수하는 힘과 비료의 양분을 발생케하는 힘이 강하여지므로 작물의 성장, 성숙에 많은 도움을 준다。

4. 이상에 말한 비료들은 작물에 대하여 자극성을 주는 작용과 작물을 소독시기며, 살충 작용까지 하게되는 화학적 원측에 의하여 많은 효과를 주는데 특히 숙곡류(콩…등) 작물에는 불 필요하다。 숙곡작물의 뿌리에는 근류균이 발생되어 번식하면서 토양의 공기 가운데 유리질(有利質)을 통하여 질소 화합물로 변케하여 가지고(질소와 물을 화합하여 초산암모니아를 만든것) 작물로 하여금 잘 자라게하므로 특별히 질소 비료같은것은 실시 아니하여도 무방하다。

II. 린 산 비 료。

린산비료중에 특별히 파린산석회같은것은 토양의성질을 개량하는힘이 강하며, 작물에도 많은 돕음을 주는 효력이있으나 이 비료들을 실시함에는 특별히 주의할 조건들이있다:

1. 만일 파린산석회를 일시에 많은 분량으로 실시하면 토지가 속히 척박하여지며, 딸아서 작물에도 많은손실을 당하게되나니 파린산석회를 실시할때는 특별

히 주의하여 밭갈기전 7—8일을 앞에두고 실시하며, 또는 구비나 퇴비같은것과 혼합하여 실시할것이다。

III. 가 리 비 료。

가리비료에 대하여서도 실시할때에 특별히 주의하여야된다。지금 우리원동의 각 실험농장에서 실험중에 있는 깔린나야솔리—염화가리를 실시할때에도 작물을심으기전—10여일을 앞에두고 실시한후에 기경하여야된다 그리고 외양간 두엄같은것은 각 농촌콜호즈에 유일한 자연비료로써 어떠한 곡식에던지 많은효력이 있는중에 감자등을 심으는데는 달은비료에 비하여 그 가치가헐신낫으며, 한 작물을 여러해동안을 계속하여 심으므로써 소출의 감소를 당할때에는 콩을심으엇다가 달개가 달일때에 막우갈아 업는것이 큰 효력이 있는것이다。

그리고 가리의성분은 콩의 생초보다 더많으며, 불한재에는 참나무와같은 활엽수(濶葉樹)와 곡집등의탄재가운데에 많이있는바 무우와같은 근채류등을 심으는 밭에 실시하면 뿌리가 잘들어 소작이 더많게된다。

특별히 채소를 배양하는데는 좋은비료들을 많이실시하여야 채소가 속히자라게 되는데 각 콜호즈에서 얻을수있는 비료중에 마소의똥, 닭의똥, 인분, 부억재등을 하나도 바리지말고 다 리용할것이니, 마소의똥은 미루 잘썩이어두엇다가 봄에 눈이 녹으면 즉시 밭으루 실어내되 채소가 잘되기위하여 첫해에는 발 1격따르에 비료 36—40똔을 내어야되며, 그후에는 3년이나 4년에 한번식 비료를주되 25—30톤을 곡 실시하여야된다。그리고 기타의 비료를 실시하는데 대하여서는 실험에서얻은 수자적 재료를 참작하는것이 필요하다。

비료실시에대한 수확고의 비교표。
(다두배채)。

비 료	폭이수	사질 양토의 1평방 м. 수량		점질 양토의 1평방 м. 수량	
		кг.	г.	кг.	г.
인 분	3	9	800	7	400
구 비	3	7	300	6	700
개 분	3	8	400	7	800
무 비	3	3	700	2	800

이상의 실지적 비교표에 의하면 사질토양에 인분을 실시한것이 제일량호한 성적을 얻게되었으며, 또는 같은토양에 보비를 실시한것과 보비를 주지 않은것을 비교하면 큰 차이가 있게되나니, 보비 (인분, 요를썩인것) 를 실시한것에 370의 수확을 향상시기게 되는것을 밝게증명하면서 채표 끌호즈에서마다 반듯이 인분, 요(사람의똥, 오줌)를 채소재배에 리용하라고 권고를한다。

인분, 요는 농촌에 유일한 비료로써 특별히 채소를짓는데 가장많은 리익을주는 비료이다。

그러나 각 끌호즈에서는 사용방법을 잘 리해하지 못하였으므로 인분, 요의 양분을 다 잃어버리며, 또는 인분, 요를 저장하여 두는데 불주의하는 까닭에 귀끌성분(基骨成分)을 잃어버리며, 혹은 사용하는방법을 서트럽게하여 작물의 결실에 완전한 효과를 얻지못하는 일들이 종종있다。

그러므로 일반 채포팔호즈에서는 채소재배에 제일 많이 유의되는 인분, 요의 사용에대한 지식과 그 처리방법에대하여 많은주의를 돌리어야된다。그를 연구하며, 또는 경험을 응용하여 채소의 수확고를 향상 시기어야된다。

인분, 요 제조법。

인분, 요는 항상 잘 썩이어 사용하여야 되나니잘 썩지않은것을 작물에주면 리하지못한것을 이전붙어내리어 오는경험에 의지하여도 가히알것이다。

잘 썩지않은 인분, 요는 첫재로 넘우걸어서 거긔에포함되어있는 2%의 오좀긔운과 1,5%의 소곰성분이 흙속에 흡수되지 아니하며, 가령 거긔에 물을많이 탄다하여도 풀린액체가 더 농후하여짐으로 작물의 뿌리로붙어 흡수작용이 되지못하여 내종에는 줄기와 닢사귀까지 시들어서 말라버리게되며, 둘재로 인분의 질소를 바리게되는손해가 있으며, 또는 오좀가운데에 있는 질소는 토양에 흡수되지않고 땅우에 녹아 갈앉는다。

인분, 요를 준뒤에 비가오게면 비료중에 제일중요한 요소인 질소가, 다 석어서 작물에는 하등의 리익을 주지못한다。그와반대로 잘썩은 인분, 요는 요소(오좀긔운)가 썩을때에 화학적 작용에의한, 변화를 일으키어서 탄산아모니아가 된다。이 탄산아모니아는 토양에 잘 흡수될뿐만 아니라 인분, 요가 많으면 그 농후한 도수가 작물의 흡수에 적당한까닭에 작물을 자래우는데 많은리익을 주는것이다。

그러므로 채소를 짓는데 인분, 요를 사용하려면무엇보다도 잘 썩이어 쓰도록 하는방법을 취하여야 될것이니 이것을 잘 썩이려면 위선 비료통이나 웅덩에 넣고 2—3배의 물을 섞은뒤에 잘젓어서두면 차츰 썩는작용을 일으키며, 썩는동안에는 그중에 껍지같은것이 잘 풀리게되어 탄산소긔(炭酸詔氣), 류화수소(硫化水素)등의 까쓰를 발생하는 동안에 오좀가운데있는 요소는 탄산아모니움을 일운다。

그리고 분, 요가 완전히 썩는날수는 긔후가 차고 덥은데 딸아서 차이가 있으나 보통 십일내외가 되면 충분하며, 원래 산성(酸性)의 오좀은 변하여 작물에 유익을 줄만한 염긔성(鹽基性)이되며, 똥과오좀은 변하여 어둡은 갈색(褐色—자빛같음)이나 또는 풀닢같이 푸른갈색이되나니 이것이 즉 썩은증거이다。이 똥과오좀이 썩을때에 발생하는 탄산아모니움은 비산하는 성질이 많은까닭에 그것을 달울때게 불주의한다면 잃어지는 손해가있다。

저 장 에 주 의。

인분, 요를 과학적으로 썩이는데 대하여는 먼저 저장소를 합리적으로 적당하게 만들어야 할것이니 위선 위치에 대하여서는 될수있는대로 음지있고 랭한곧을 택하여야하며, 비료통 혹은 웅덩이에는 덮개를 덮어서 공긔류통을 방지할것이니 만일 높은온도에 공긔류통이 심하면 아모니아가 다 날아가 버리게된다。그리고 인분요를 잘젓어서 둘것이니 만일 그렇게하지 않는때에는 인분, 요가 점점걸어지면서 아모니아가 발산되며, 딸아서 인분이 유실되고만다。

특별히 오래동안 저장하여두려면 회가루를 좀 섞어 둘것이니 이와같이하면 아모니아가 휘발되지 않으며, 특히 주의할것은 인분, 요중에 전분(澱粉)과 및 칠종류와같이 잘 썩지않는 물질이 조곰도 썩이지말도록 하여야된다。만일 섞이운다면 휘발을 재촉하여 아모니야의 질소성분이 속히 없어지게 되는까닭이다。

인분, 요 사용에 대하여。

인분, 요의 비료성분은 그 효력이 속하기 때문에 단번에 많은분량을 주지말고 작물이 자라는동안에 여러번 난호아 적당히 주어야된다。그리고 인분, 요에는 질소가 많은비료인 까닭에 린산, 가리를 요구하는 마르고표와 긔타 근채류에는 반듯이 린산과 가리가 많은 비료와 섞어 사용할것이며 또한 잘 젔어서 사용하여야 되나니 만일 거러진것을 그대로 사용하게되면 아모니아의 발산과 또한 냄새때문에 모든해충을 유인하여오는 폐해가 있나니 여괴로붙어 채소에 전염병을 길이게되므로 반듯이 인분, 요를 잘 썩이어서 사용할것이다。

그림 17. 비료저장소, 사용하는 괴구。

특별히 질소는 작물에대하여 필요하지만은 다두배채에는 무엇보다도 제일 적당한것이다。이상에지적한비료를 실시한중에 제일 수확고를높일것은 인분, 요를준것이다。인분, 요가 이와같이 많은 효력을 주게되는것은 담백질과 질소, 유괴물질이 다두배채와 괴다작물을 길우는데 필요한 원소가 되는까닭이다。만약 작물에질소분이 불충분할때에는 완전한 생육(生育)을 얻지못한다。

그러나 질소를 넘우 실시하면 자라는데는 것침이없으나 제괴한에 성숙되지 못할념녀가 있으며, 결실에까지 해를 주게된다。그리고 질소는 딴온성분보다 제일 속히 소모되는것만큼 그만히 속한효력을 주게되나니, 일반 팔호즈에서는 비료의저장과 사용에 주의하여야된다。

그리고 비료의 종류들을 난호아서 질소, 린산, 가리라하게됨은 그 요소의성분이 포함되어있는 파센트가 많고 적음에딸아서 지칭하는것인데 그 요소는 다소간 같은비료의 종류라도 파센트의수효는 언제던지 갈지않으니 그것은 그 비료가 잘썩고 잘못썩은데와 그 섞이어있는 물질의종류가 서로 갈지않은것과 시긔판재여하에 딸아서 갈지않다。그러므로 비료의성분은 그 실물을 ☆해하여 보기젼에는 완젼한 수자적 성분을 지적하기 매우 어렵으나 대개로 그 요소의다소를 가리어 놓으면. 아래와같다。

비료의 분석표。

비료의종류	질소 %	린산 %	가리 %	비료의종류	질소 %	린산 %	가리 %
퇴비	0,44	0 26	0,77	닭의똥	2,17	0,29	0,13
구비	0 60	0,26	0,36	누에똥	2,17	0,26	—
인분	1,04	0,76	0,94	정어리깡치	9,42	4,17	—
소똥	0,39	0,17	0,10	콩지름깡치	7,60	1,20	1,60
길똥	0,44	0,35	0,35	초목회(침[illegible]수)	—	2,50	6,00
도야지똥	0,60	0,41	0,20	짚재	—	2,10	4,50
사담의 요좀	0,43	0,05	0,28	온돌재	0,88	0,29	0,23
분회	0,59	0,79	1,98	석탄재	—	1,50	1,44
대두	5,34	1,04	1,26	화곡짚(말은것)	1,01	0,3	—
지름깡시	5 05	2,00	1,30	잡초(생초)	0,5[illegible]	0,15	0,46

비료의종류	질소 %	린산 %	가리 %	비료의종류	질소 %	린산 %	가리 %
간장정지	2,02	0,22	0,88	숙곡작물짚			
소주박(바람에				(말은것)	2,02	0,36	--
마른것)	1,80	0,76	—	피수락엽			
미강(재)	2,10	3,76	1,40	(바람에마른것)	1,39	0,76	—
잠용착박				백양닢(마른것)	1,41	0,74	—
(본두지)	10,00	1,40	—	석은말똥	1,70	—	—
초목회				해초(海)마른것	1;63	7,56	--
(활엽수)	—	3,50	10,00	과린산석회	—	16,00	—
생초	0,58	0,08	0,73	유산암모니아	20,50		—
건초	2,49	0,86	8,1[illegible]	유산가리			42,6[illegible]

채포원 플호즈에서는 물론이어니와 부업적으로 채포원을 경영하는 이들도 이 비료실시에 대한 문제를 많이 연구하며, 또는 비료를 수집하고 저장하는데 대한 연구와설비를 원만히 하므로써 도시와 농촌식료에 가장 요구되는 채소문제를 근본적으로 해결하여야 할것이다。

제초와 작물의 관게。

어떠한 농작물을 불론하고 수확을 향상시기는방법은 그 작물의 성질을알아서 잘 될만한 토질을 리용하며 선택한 종자로서 파종을 제시귀에 적당한수량네로하며, 그 작물에 적합한 비료를 실시하는데만 끊지지않는다。

작물이 생장할때로 붙어 결실되는 동안까지에 직접, 간접으로 혹심한 장애를 주는것은 오직 잡초이다。

어떤농장에서던지 잡초를 제때에 제거하지못하면 그수확은 실패에 돌아가고 말것이다。채포작업에있어 잡초와의 투쟁하는데 더욱 주의하며，딸아서 로력조직을 옳은방법으로 실시하여야된다。공격운동과 사회주의적 빅이를 조직하고 태업자와의 투쟁에 일반 로력군중을 동원 시기어야된다。

우두거우 팔호츠청년향교 실험농장에서 잡초가 작물에주는 손해와 그의 번식상태를 연구하며，실험한결과에 의지하면 그 실제 명확한증명을 보게되나니 그에 열거한 조건들은 담과같다:

1. 잡초들은 본래 번식성이 강하여서 작물보다 속히자라게 되는데로 붙어 작물에 대하여 태양열을 받지못하게하므로 작물은 더욱 연약하여지면서 활귀를 얻지못하고 중독을 반게되며;

2. 번식성이 강하고 자라는 한도가 작물에 비하여 속한것만큼 공긔중의 유리한 양분을 많이 흡취하게되며, 뿌리가 길고 또는 많게되므로 더욱 자라는 속도가 강하여 작물이 자라나는 세력을 꺽거 버리게 되며;

3. 작물이 자라는데 제일 필요한 대긔중에 수분과 토양중에 있는 수분을 잡초들이 전부 흡수하는 까닭에 작물이 더욱 상긔를 얻지못하고 잡초의 세력아래에 들게되며;

4. 이중에도 잡초들은 특별히 작물과 달라서 비，바람，한재，장마에 대하여 하등의 지장을 받지않고 그 자라는 상태가 별반 차이가 없으므로 이상의 모

튼 조건들을 잘 견듸지못하는 작물은 더욱 연약하여지고, 중독을 받게되는 까닭에 장차 생활력을 잃어버리고 죽어 없어지는 까닭에 래종에는 잡초들만 더 번성하게 된다。

이와같이 잡초들은 작물이 차지한 토지의 면적을 점령하고 해빛과 수분을 혼자 흡취하며 양분까지 빼앗게되므로 작물은 바로 자라지못하고 래종에는 말나 없어지게되나니 이 여러가지 잡초들이 작물에 대하여 손해를 주는 동시에 농촌경리에 막대한 손실을 주게 되는것은 더 말할것도 없다。

이제로 붙어 이십여년 전에 이전『에까쩨리노슬랍』에서 잡초중에 하나인 귀밀 가라지로 말미암아 농작물에 손해를 당한것이 약 20밀리온 루불리에치가 되엿다는 것을 다 아는바이다。잡초가 성한 밭에서 여간한 수확을 얻는다 하여도 작물의 품질이 좋지못하게 되는것은 더 말할것도 없다。

그리고 보통 화곡물 같은것은 추수할때에 만약 잡초들이 섞인 곡식단을 묶게되면 곡식 짚이 썩어 버리는 폐단도 있으며, 더구나 비가 많게되는 때에는 곡식까지 썩어 버리며, 타곡한 후에도 풀씨로 인하여 알곡의 질이 낮아지며, 쓰지못할 분량이 많게되는 관계로 운반에까지 공연한 로력을 허비하게된다。특히 채소에 대하여서는 화곡 작물 이상의 손실을 받게되나니 그중에도 마르꼬프, 수박, 물외, 참외, 일넘감, 감자

등은 잡초로 말미암아 더 많은 손실을 당하게되는바, 실험에서 얻은 례증으로 붙어 잡초가 채소수확에 주는 손실을 수ㅅ자적으로 볼수있다。

잡초가 없는데와 잡초가 많은것을제초한 밭의 수확고에 대한 비교표。

(실험 농장에서)

번호	채소의 종류	잡초가없는것	10평방M의 수량		잡초가 있은것, 기슴한벌맨것	10평방M의 수량	
			кг.	г.		кг.	г.
1	다두배채	,,	67	—	,,	24	200
2	마르꼽오	,,	28	—	,,	17	—
3	스뵤클라	,,	54	500	,,	32	—
4	로바	,,	38	—	,,	30	200
5	빛배채	,,	62	400	,,	19	130
6	불루까	,,	72	—	,,	31	—
7	감자	,,	50	700	,,	38	—
8	원두	,,	2	700	,,	—	830

잡초들이 농작에 대하여 그수확에 어떠한 손해를 준다는것은 이상의 비교표에서 참작할것이다。 잡초가 이와같은 손해를 주는데만 국한한것이 아니라 잡초들 씨가 해마다 땅에 떨어지어서 몇해만 계속된다면 그밭은 전부로 잡초밭이 되고만다。

잡초들의 씨는 작물의 씨와 달라서 싹나는 힘이 아주 굳세므로 습하고, 랭하거나, 칩고, 덥은것을 가리지 않고 생장한다。 어떤 잡초씨는 사십년간까지 생활력을 유지하며, 보통것도 5—12년까지는 계속적으로 생장한다。 흙가운데 깊이 묻히어 있어도 발아 작용을 잃어 버리지 않고 수분, 공기, 해빛, 기타의 모든 조건들이 적당할때에는 다시 싹이나서 작물에 손실을 주게된다。

이와같은 잡초들도 그 특성의 관계로 인하여 아모 밭에던지 발생되는것이 아니다。 륙전에 나는 풀이 논에는 자라나지 아니며, 채소밭에 많이 나는풀이 다른 작물을 심은 밭에 적게 난다。 그러나 보통 우리 원동에서 제일 많이 발생하는 잡초들은 대개 능쟁이, 배랭이, 되꼬리, 달루갱이, 졸뱅이, 돌피들이다。 이와 같은 잡초들이 채소의 수확을 감소시긴다。 이상에 지적한바와 같이 잡초들과 투쟁이 없이는 수확고를 항상 시길수 없나니 농업경리에 있어서는 잡초와 투쟁하는것이 일반적 과업이다。

잡초들을 없이어 버리는데 어떻게할가。

잡초를 없이는 방법은 위선 밭 가리를 잘하고, 못하는데 있나니, 추수를 제때에 다한후에 인차 추경을 실시하므로써 잡초들의 씨를 묻어서 이른 봄에 속히 나지못하게하고 채소를 심을 밭에는 이른 봄에 재경하되 깊이 가는법을 리용하여 제시기에 파종하게되면 작물이 만저 자라서 잡초들을 억압하여 버리므로 할수없이 잡초는 번성치 못하게된다。

그리고는 해마다 번경법을 실시 하여야되나니—다두배채나 닢배채를 심엇던 밭에 무우등속의 근채류 작물을 심우게되면 거긔에 나는 잡초들은 자연히 압도되므로 많은 효과를 얻는다。 수박, 참외, 물외, 호박과같은 작물을 심은 밭은 기음 매기에 매우 헐할뿐만아니라 잡초들이 많이 무성하지못하므로 잡초들의 씨까지 없어지게된다。 그 이듬해에 다른 작물을 받구어 심우게 되면 자연히 잡초는 없어지게 되면서 작물에 대한 수확은 많이 얻게 된다。

그뿐만 아니라 잡초들의 씨는 가축들의 똥에도 많이 섞이우어있다가 다시 발생되는 일도 있나니 특별히 비료를 실시할때에 잘 썩이어 가지고 밭으루 내어가도록 하여야 된다。 만약 잘 썩지아니한 오양간 두엄같은데 섞이어있는 풀씨가 밭으로 나아간다면 그밭에는 반듯이 잡초들이 무성하여 기음매는데 많은 로력이 들게되면, 작물에까지 손해를 주게될것이니 이에대하여 특별히 주의할것이다。 그리고 특별히 후치질을 잘 하여야 할것이니 작물이 자라는 동안에 후치질을 하게되면 잡초들을 없이 할뿐만 아니라 잡초들이 흙발에 묻히우어서 자연히 비료가되며, 토양을 부드럽게 만들게 되는고로 작물의 뿌리가 잘 자라게 된다。

잡초를 직집으로 없이하여 버리면서 작물의 번성을 보호하게되는것은 무엇보다도 시긔를 딸아서 기음

매는데있다。 기음은 작물의 씨를 고르게 솎구어주며. 토양을 부드럽게하며, 속에 있는 흙이 태양열을 받어서 태우어 지게하므로 토지가 비옥하여지며, 공긔의 류통과 수분의 보충을 가장 잘되게 한다。

특히 채소밭 기음은 채소가 자라는 시긔를 보아서 세벌까지는 꼭 매여야 할것이다。 각 채포원에서는 이와같이 수확고를 향상시기는데에 큰 역할을 가진 기음과 파종에 대한 사업을 성과있게 진행하여야 된다。

잡초와 투쟁하는것이 당년 수확고를 도모하는데만 끟진것이 아니라 명년도의 수확고를 높이는데도 영향을 주는것이며, 딸아서 명년도의 어렵은 로력을 미리 절약시기는데도 큰 의의를 가지엇다。 어떠한 농장에서나 기음매는 일에 크게 주의를 집중하여야 된다。 기음에 대한 성과를 담과 같은 비교표에 보인다。

기음으로 얻은 성적 비교표。
(다두배채)

번호	파종긔일	토질	비료	밀도(폭이수)	제초의회수	1평방M.의 수량	
						кг.	г.
1	17/V	사질토	분회	3폭이	—	—	—
2	,,	,,	,,	,,	1	4	300
3	,,	,,	,,	,,	2	5	200
4	,,	,,	,,	,,	3	7	—
5	,,	,,	,,	,,	4	8	400

번호	마르곱프			불누까			스뵤클라			사탕무우		
	제초의 회수	1평방M. 수량		제초의 회수	1평방M. 수량		제초의 회수	1평방M. 수량		제초의 회수	1평방M. 수량	
		кг.	г.		кг.	г.		кг.	г.		кг.	г.
1	1	2	—	1	3	—	1	2	200	1	1	700
2	2	2	—	2	4	300	2	5	300	2	2	—
3	3	2	300	3	8	600	3	5	450	3	5	700
4	4	3	150	4	9	140	4	7	—	4	9	200

번호	감자			닢배채			옥수수			콩		
	제초의 회수	1평방M. 수량		제초의 회수	1평방M. 수량		제초의 회수	1평방M. 수량		제초의 회수	1평방M. 수량	
		кг.	г.		кг.	г.		кг.	г.		кг.	г.
1	1	2	950	1	2	130	1	1	100	1	—	25
2	2	3	500	2	2	500	2	1	300	2	—	30
3	3	5	786	3	4	900	3	1	44	3	—	70
4	4	5	700	4	6	—	4	2	200	4	—	75

이상의 실험적 비교표에 의하여 보면 채소작물과 화곡작물의 어떠한 종류를 물론하고 반듯이 기음을 매여야될것은 우에 말한바 이러니와 기음을 매되 3회 이상을 매도록 계획을 작성하며, 달아서 실행하여야될 것이다。 어떠한 채소의 종류를 물론하고 기음을 세벌만 잘매여도 자라는데 하등의 지장을 받지 아니하고 성숙된다。 래종에 수확량을 본다면 같은 조건(토지, 기후, 파종시일, 면적, 기타)에서도 기음 세벌이나 네벌맨것이 한벌이나 두벌맨것보다 대단한 차이가 있다。

그러므로 파종으로 붙어 비료를 실시 하는데도 물론 수확에 큰 관계가 있지만은 기음 즉 잡초와 투쟁하는것이 더구나 큰 의의를 가지게 되는것이다。

그림 18. 기음매는 광경。

채소의 병해에 대하여。

농촌경리를 향상시기며 농작물의 수확고를 높이려면 누구나 다 농작물의 병해에 대하여 예방하는법과 또는 치료하는 방법을 잘 아는 의사가 되어야 할것이다。

우리원동에 있어서도 농작물에 제일중요한 자리를 차지한 채밀, 커밀, 보리와 기타 귀장이, 옥수수에 대하여 잡복균이라는 병으로 인하여 당한손해가 150.000 쩬뜨네르 이상에 일으는때가 이미 있었다。『말리쓰따

즈라』에서는 1925년에 어떠한 경리에서 채밀의 30—40%를 감복균으로 인하여 큰 손해를 당하게되엿다。 그러므로 어떠한 농촌경리에서던지 작물의 병에대한연구와 구제법을 잘 리용하여서 투쟁하여야 될것이다。

더군다나 채소작물에 대하여는 화곡작물보다 병해가 더 심하며, 구재, 예방하기도 다소간 복잡한것만콤이 여러가지 병으로인하여 채소경리에 손실을 당하게 되는일이 많다。 그러므로 일반채소 콜호즈에서는 먼저 채소에생기는 병의종류와 그 발생되는 원인과 그병리에 대한것을 잘 연구하며, 예방법을 알아야 될것이다。

채소의 씨앗과 병해。

채소경리에서는 먼저 씨앗을 정밀히받아서 잘 저장하여 두어야한다。 어떠한 농촌경리에서는 채소의씨앗을 잘못 취급하므로써 파종은 하엿으나 수확에 실패를 당하게되는 례가 많이있게되나니 이것은 씨앗을 습기가많고 온도가 일정치못한 창고에두어서 싹이나지 아니하며, 간혹 나오는것이 있다고하여도 인차 병에걸리어 잘 자라지못한 까닭이다。

채소의 씨앗은 잘 말리우어야 실수없이 싹이잘나며, 또는 병에 걸리지않고 잘 자라게되나니, 항상 씨앗을 일정한 온도가 급변이 없는곧에 두어야되며, 채소의 씨앗에도 보통 화곡작물과같이 감복균이 있어서 장차 결실될텝시에 전렴이 극성되어 채포원에 막대한 손실을 주게되나니 보통작물의 수박, 참외, 무우등속의 씨앗을 심을때에는 소독을 하여가지고 심을것이다。

1. 채소의 씨앗을 포르마린으로 싯는법이 있으니 포르마린은 본래 빛이없는 액체로써 자극성의 냄새가 난다。이것으로 소독을하려면 종자를 싯을때에 물을300배를 타서 쓰나니 (포르마린 0,6 리뜨르에 물을 180리뜨르를 탄다) 먼저싯을 채소의 씨앗을 헌겁보에 5—15cм 가량 두텁이되게 펴놓고 잘 젓으면서 포르마린을 뿌리어 전부 습기가 돌게한후에 2시간동안 포작이 같은 것을 덮어두었다가 2—3일을 지나지말고 심으면 별로히 지장이없다。그런데 특별히 주의할것은 포르마린의 용액을 넘우많이 뿌리거나 또 소독한것을 태양에 빛이우어 말리우면 싹이나지 아니할 위험도있으며, 또는소독의 효과도 없게된다다。

모종에 생기는 병해。

다두배채의 모종이 온상안에서 자랄때에 발생하는 병이있다。이것은 다두배채 모종이 온상안에서 2—3개의 닢사귀가 될때에 생기는 립고병인데 (서서 마르는병) 이병이 발생되는 원인과의 투쟁에 대하여서는 상술한 『모종을 어떻게 자래울가』라는 제목에서도 참고하려니와 이병이 발생되는 원인은 온상에 항상 습기가돌고 태양이 적당한도수로 빛외우지못하며, 공기류통이적은데로불어 발생되는것이다。

그런까닭에 온상의 위치는 조강한곧을 택하며, 해빛과 공긔류통을 잘 하게하는것이 이에 대책이며, 또는 이병이 발생될 증조가 보일때에는 약간의목탄(숯가루)을 뿌리며, 석회즙트액을 분수긔(약물을 뿌리는 긔구)로 뿌린뒤에 바람을 쏘이도록 할것이다。

그리고 각 채포즙호즈에서 경험한바도 있지만은다두배채를 모종하고 보조비료를 2—3회가량 주어서 발육이 완전이될때에 발생하는병은 근휴병(根朽病—뿌리와 겹닢사귀가 썩는병)이라고하는 위험한병이 생기기쉽으니, 이병은 지면에 닿인 뿌리로불어 시작하여 내종에는 속뿌리에까지 침입되어 뿌리의 외측면이 썩어나면서 닢사귀도 시듬시듬 하여지며, 뿌리내부는 담갈색(淡褐色—어린 수박빛)으로변하고 거긔에 구멍이생기면서 말나죽는병이다。

이와같은 병들을 예방하려면 다두배채의 종자를300배의물을 혼합한 유산동액에 10—25분간, 잠구었다가 맑은물에 싳어서 심으며, 또 해독을당한 다두배채는 한데몽아서 불에 살나버리고, 해독을받은 땅에는 피낫이나 혹은 콩등을 심으는 윤작법을 실시하는것이 가장필요하다。만약 이와같은 해독을 받은땅에 또다시 채소를 심으면 병균이 더 왕성하여 반소작도 엄지못하는 폐해가 있나니 반듯이 긁을 밧구어 심우는것이 농작상 원측이다。

그리고 직접 이병을 구제하는 방법으로는 석회액(회가루로 만드는액체)을 사용하는것이 제일효력이있는바 실험에 의하여보면 이병이 발생되기 시작할때나 혹은 발생된지 넘우 오라지않은 시긔에 구제방법을리용하면 큰 효력을 보게되며, 또는 전렴성까지 근절된다。이 석회액을 제조하는방식과 사용에 대한것은 실지적 경험에서 제일 성적이 낫은것으로 아래의 별표에 말한다。

석회액을 제조하는법。

처방＼방식	다량식 Г.	등량식 Г.	반량식 Г.	소량식 Г.	비고
유산동	450	450	450	450	
생석회	900-2200	450	225	90	
물(水)	36-108 л.	39- 72л,	36- 72л.	72л.	

비고: 이상의 『다량식』 이란말은 생석회를 더많이넣는다는 말이며,『등량식』 이란것은 생석회와 류산동을 같이넣는다는 말이며,『반량식』은 석회를 절반만 넣는다는 말이며,『소량식』이란것은 석회를 적게넣는식이라는말이다。

이상의 처방에 의하여 제약하려면 먼지 근물통 2개가 있어야한다。한통자에는 류산동 (硫酸銅) 450 그람을 두고 덥은물 5리뜨르에 용해시긴뒤에 거긔에 랭수(冷水) 37리뜨르 가량을 부어둔다。그리고 또 달은통자에는 생석회를넣고 덥은물을 0,5리뜨르를 조곰식 천천이

털구어놓고 잘 젓은후에 맹수를 더하여 5리뜨르 가량되게 하여가지고 먼저 넣어놓앗던『류산동』등자에 넣어 섞어서 잘 젓으면 풀기가 생기면서 푸른빛이 난다。그담에는 이 액체를 분무긔(噴霧器)에 넣어서병해에걸린 다두배채에 뿜어놓으면된다。

제약할때에 주의할조건。

1. 류산동을 용해할때에 쇠긔구에는 절대로 풀지말고 나무그릇이나 지그릇, 사긔등만 사용하며,

2. 류산동과 석회액을 섞은뒤에는 물을 더 넣지말고 그것을 썩을때에 두종류의 온도를 꼭 같게할것이며,

3. 제조한뒤에 액체가 좋고 낫은것을 알아보려면 적색시험지(赤色試驗紙)를 액체속에 넣어보아서 그붉은조희가 푸른빛으로 변하면 잘되지 못한것이며, 만일에 쇠쪽악을 집어넣어서 그쇠쪽악에 구리빛이 묻어오르거던 석회유를 더넣을것이다。그담에 이 액체를 사용하는데도 많은주의가 있어야된다。

액체를 사용하는법。

평과(苹果)등의 과류에 사용하는데는 별반관게가 없지만은 다두배채의 근휴병(뿌리가 썩는병), 특별히바람이 불지않는 아츰과 저녁때에 뿌리어야하며, 분무긔도 달은것보다 더욱가늘게 뿜는것을 택하여 사용하여야한다。

만일에 태양열이 심한 (오전11시—오후4시경) 때에 뿌리개되면 다두배채 (넓을가진채소등은 다 그렇다) 에 다소간 해를주게되며 약의효력도 오래동안 계속되지못한다。

다두배채의 병에 대하여서는 이상에말한 립고병, 근휴병외에도 위험한병들이 한두가지가 아닌데 다두배채가 다 자라서 통이앉게되고 또는 다 성숙되여서 걷어드리게까지 되는때에는 근휴병보다도 더 위험한 균해병(菌核病—다두배채 통 속이나 또는 통의 꼭대기로 붙어 썩어들어가는병) 이 흔히 생기는것이다。이 병균은 다두배채통의 겉닢시귀에 눌어, 얼눅얼눅한 못이박히면서 속닢으로 점점 썩어들어가며, 아처럽은 냄새까지 나게된다。

이병이 발생되여 3—4일만되면 절반이나 읽게되며 만성 (慢性) 이면 10—12일간에 썩어버리고 만다。그뿐만아니라 전렴성이 강하여 수확에 큰 손실을 가지여오게되며, 먼 거리에 운반할때에도 많은손실을 당하게되며, 더구나 겨울에 저장하여두기는 절대로 좋지못하며, 채종으로는 리용할 생각도 말어야한다。

그리고, 이병이 발생되는 원인은 일반이 다 아는바와같이 저장하여 두었거나 종자로 남기여둔 다두배채 (물론 움속에서) 에모 발생하는것임으로 일반 채소경작을하는 경리에서는 여기에 크게 주의하여야 할것이다 이병이 발생하게되는 원인은: 땅속이 랭습하고 일기가 순조롭지 못하는데로 말미암아 생기는데 이 병균은 특히 년년작을 하는데서 잘 유인하여 오는것이다。

균핵병의 예방。

이병을 방지하려면 이우에서 설명한 석회액에다가 아비산(亞砒酸) 40그람을 더하여 잘 섞은후에 쓴다。 이약을 사용하는 방법도 역시 우에지적한 방법과같이할것이다。

이밖에도 다두배채에 생기는병이 여러가지가 있어서 누런 얼넉점이 생기는병, 흰얼넉점이 박히는병들이있다。

그러나 우리원동은 기후가차며, 땅이 비옥하고 다소간 랭한까닭에 이와같은병은 잘 발생되지 않는다。

감자에는 어떠한 병들이 있는가。

우리원동에서 많이 산출하는 감자에도 역시 여러종류의 병들이있다。 그래서 어떠한 꼴호즈와 쏩호즈에서 감자의수확에 큰 손해를 당한때가 흔하였다。

20—여년전에 남쪽 유롭빠—지방에서는 감자에 제일 무섭은 역병(疫病)으로 말미암아 기근에까지 빠진일이 있엇으며, 우리원동에도 감자의 역병과 부패병(腐敗病)으로 인하여 년년이 많은손해를 보게되엿다。 더구나 감자종자를 잘못 저장하엿음으로 역시 파종에지장을 받는일이 종종있게된다。 이에따아서 감자의여러가지병의 발생원인과 그를 예방 및 구제하는법을 잘알아야 감자의수확을 높일것이다。 그러므로 감자를 경작하는대에 손해를주는 병들에대하여 실지농장에서 연구실험한 결과를 일반 꼴호즈들앞에 소개한다。

감자의 역병이라고 하는것은 어떠한 병인가。

감자에 제일 많은 손실을 주며, 가장 위험이 있는 병은 역병(닢사귀가 마르며, 줄기의 밑이 썩어버리는병)이다。 보통 이 병은 감자를 심은지 두달 이상이 되여서 뿌리에 감자가 맺기 시작할때 붙어 생기는 병인데 경험에 의하면 대개로 7월 하순경으로 붙어 발생하기 시작한다。 첨에는 감자 닢사귀에 아조 불규측적으로(되는대로) 누른 빛이 나는 적은 형상의 얼눅 얼눅한 점이 생기어 5—6일이 지나게되면 점점 더 확장되어서 아조 누른 빛으로 변하면서 표면에는 흰점이 생기고, 송곳으로 뚫은것처럼 구멍들이 나게된다。 이와같이 되여서 감자는 생괴를 얻지못하고 시들 시들하게 말을때에 비가 오게되면, 줄기와 닢은 썩어 버리고 해빛이 심하게 빛이면, 주굴 주굴하게 말으면서 닢사귀는 다 부스러지고 마는것이다。 만일 이 병이 심하게되면 물을 끓이어 부은것처럼 시들러버리며, 감자의 줄기는 차차 말라드는데, 특히 땅에 파 묻히어있는 어간에는 검은 빛으로 변하여 싹이 나며, 감자의 빛은 암색(暗色—검고 푸른빛)이 되면서 썩어 난다。

이 병이 발생하게된 원인은 감자가 나서 자랄때에 장마가 지거나 혹은 괴후가 넘우 습한중에 토질이 랭하게되면, 반듯이 이병이 발생하며, 또는 8월하순으로 붙어 9월상순경에 날이 갑작이 차지며, 흐리게되면 더욱 많이 생기게된다。 딸아서 특별히 주의하여야 될것은 어떠한 풀호즈에서던지 감자를 심을때에 항상 습긔가 있거나, 랭긔가 많은 밭에 심으지말며, 파종을 늦게 하지말어야 한다。

그리고 비료를 실시하는 일에도 특히 주의하여야 되나니 오양간 두엄을 너무 많이 주게되면 반듯이 이병이 생기게되나니 무엇보다도 『감자의 역병』을 예방하는 방책은 아래에 지적한 조건들을 잘 리용함에 있다。

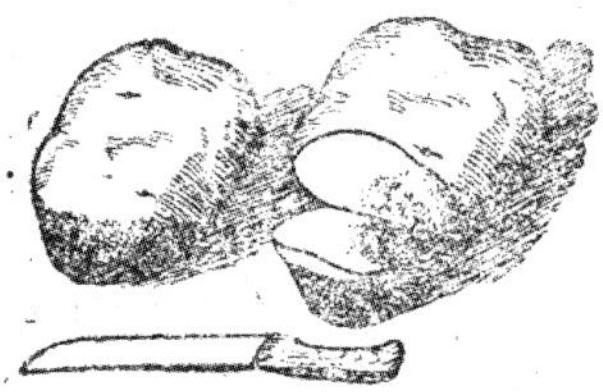

그림 19. 병든 감자 종자。

1) 감자의 종자로 붙어 병균이 많이 전렴되는 고로 특별히 주의하여 건전하고도 충실한 종자를 가리어서 C 30°—35° 되는 태양열에 4시동안 가량, 말리우어 병균을 소독 하도록 할것이다。

2) 습긔가 많고 랭한중에 배수(排水)가 좋지못한 토질을 피하여 심으며, 질소가 많은 비료를 실시하지 말고 기음맬때에 북을 많이 도꾸어주며,(꽃이필때에) 추수할때에는 반듯이 우습한 날을 피하여 캐도록하며;

3) 감자 종자를 저장할때에는 잘 말리우며, 좋은것을 가리어 습긔가 적은 움에 넣으며, 넣을때에

감자종자 35㎏에 생석회 1㎏을 고르게 뿌리어 소독 시기며;

4) 년년작을 피하고, 반듯이 륜작 방식을 리용하며, 병해가 발생하여 전렴이 심한 밭에는 이상에 지적한 석회액을 뿌리도록 할것이다。

이 역병에 걸리었던 줄기와 닢사귀는 불에 살어버리고 그감자는 즉시 파서 잘 삶아가지고 도야지의 먹어리로 리용할것이며;

5) 특별히 감자가 썩어버리는 병에 대하여서도 륜작법을 리용하며, 이병이 발생되엇던 밭에는 될수있는대로 추경할때에 파린산석회를 뿌리고 추경을 하는것이 필요하며;

6) 또는 감자 종자를 눈뜨기전에 1%의 포르마린액으로 2시간 가량 소독시기거나 물 12ℓ에 생석회 1㎏을 섞어서 잘 젓은후에 10분간, 담아두엇다가 심을것이며, 세가지 요소가 적당히 배합된 비료를 실시하며, 척박한 토지에는 심우지말도록 할것이다。

감자에대한 병과 및 구제하는 방법은 이상의 모든 조건들을 적용하며, 특히 실험에대한 비교표를 보고 연구하여야 좋은 성과를 나타나게 할것이다。

비고 1. 실험에 의지하면 습지에 심은것, 늦게 심은것, 종자를 가리지 않고 심은것이 병에 잘 걸리며, 감자 중량까지도 적은것이니 감자를 심우는 꼴호즈에서는 모든 방식을 잘 리용하며 감자가 병에 걸리지 않고 수확이 많이 나도록 힘써야 할것이다。

실험에서 얻은 비교표。

구 분	심은폭이수 10평방M,	병이 들어 죽은것	감자의 수	수량 KГ	수량 Г
습지에 심은것	40	18	160	10	200
습하기도 않고 매마르지도않고 적당한데 심은것	40	3	321	18	700
일즉이심은것 (5월7일에)	40	6	340	16	920
늦게 심은것 (6월7일에)	40	9	219	11	30
종자를 가리어 눈을떠서 해빛을 보이고서 재를 썩은것	40	2	318	17	500
막우 가디에 해빛을 않이 보이고 심은것	40	12	304	12	100
눈을 아니뜨고 심은것	40	4	412	14	70
눈을 뜨어서 심은것	40	—	286	15	200

무우, 불누까, 스뵤클라, 마루곱프에 대한 병과의 투쟁。

각 채포 꼴호즈에서는 다두배채, 감자, 등에대한 병은 위험스럽재 생각하면서도, 무우등속에 걸리는 병들은 례사로 보는 일이 많다。 그리하여 예방 및 구재법에 대하여 연구가 적으며, 주의를 덜하는 가운데서 많은 손실을 당하게되는 일이 종종 있다。 이것이 큰 잘못이다。

우리들은 현재에 로독자들에게 채소 공급문재가 아죽 원만히 해결되지못하고 딸아서 채소 짛이에 원만한 기술이 없는것만은 사실이다。

근채류의 각종 작물에 있어서도 여러가지 위험한 병들이 있나니 무우, 모르곱프등은 속으로 붙어 검은 빛으로 변하며 썩는것과 닢사귀들에 이상한 누른점, 힌점이 생기어 시들어 죽는 병이있으며, 스뵤클라, 불누까, 사항무우등은 뿌리가 겉으로 붙어 썩어 속에까지 들어가며, 괴이한 냄새가 나는병과 또는 속살이 솜모양으로 되면서 구멍이 생기는 병들이 있다。이로 인하여 큰 손해를 보는 일이 해마다 채포경리에 있는것이다。

무우, 불누까, 마르곱프등이 썩는병에 걸리게 되면 그 줄기와 닢사귀는 점차 누른 빛으로 변하면서 말라 죽는것도 있고 또는 갑작이 색이 변하면서 죽는데 이때에 그 닢사귀를 자세히 보면 검은 빛이나는 줄들이 있다。동시에 그 뿌리를 뽑아서 칼로 짤라보면 무우의 속에 중심되는 부분으로 붙어 점점 커지여서 동구렇게된 검은 륜곽이 있으며, 심한것은 아조 구멍까지 생기게되는것을 볼수있다。

그리고 특별히 스뵤클라, 마르곱프등은 뿌리의 끝으로 붙어 두를 두툴하게 혹이 돋으며, 줄기와 닢사귀도, 더 자라지못하며, 어떠한것은 겉겁질이 이리 저리 터지며, 혹은 두부가 터지면서 속이전체 비게 되는것과 혹은 뿌리가 자연히 누른 빛으로 변하면서 썩는 냄새가 나게된다。

일년감 (보민도리) 도 검은 빛과 힌빛으로된 얼눅얼눅한 점이 생기어서 래종에는 전체 썩어버리는 일이 있다。대개 이병이 발생하는 시기는 9월 상순이엇다。그리고 다 캐어 움속에 넣어 둔때에도 전렴이되어 써는 일들이 많으며, 더욱히 일은 봄에 채종을 심어 놓은뒤에도 발생된다。이로 인하여 손해를 당하게되는것이 큰 채포경리에서는 20% 이상이 된다。

그림 20. 1) 써은 병에 걸린 로배。2) 병든것을 비이어놓은것 3)병든 마르곱프。4) 병든무우。

보통 이와같은 병들이 많이 나게되는 원인은 한두가지가 아니다。원래 어떠한 작물이던지 자라는 모든 조건이 적당치 않은관계로 중독을 받어 잘 자라지못하는데서 생기게되는것이다。실지 경험에 의지하면 습긔가 많고, 토양에 공괴류통이 부족한데서 많이생기게된다。

1932년 우두거우 쿨호즈 청년학교 실험 농장에서 이에 대한것을 연구하기 위하여 꼬미씨야들이 재료를 수집하여 결산한 결과를 보면 토양의 관계가 제일 크다는것을 내어 세우엇으니 그 실례는 땅이 항상 습하고 랭하며 더구나 짐질이 많이 섞이어 비가 오게되면 땅우에 오래동안 갑아있는 토양에 심은 무우와 불누까는 십분지 사나 거이 두부가 터지고 속이 비게 된다。

그리고 종자에도 관계가 있는바 온도가 일정치못하고 습기가 많은 곧에 두었던 종자를 늦게 심우고 기음을 잘 매지 않는데서 잡초로 볼어 병균의 전렴을 받게되는 일도 많다。 그러므로 이상의 병해들을 받지않기 위하여서는 무엇보다도 예방법을 리용하는것이 중대한 파업이다。 각 채포원에서는 아래에 지적하는 몇가지 조건들을 꼭 실행하므로써 이와같은 병에 침해를 받지않도록하며, 더 좋은 경험적 재료들을 응용하여 ◉해와 투쟁하는 방침을 힘있게 내세우도록 할것이다。

예방과 구제책에 대한 경험。

이상에 지적한 여러가지 병들을 예방 하려면 담과 같은 조건들을 실행하여야 된다。

1. 질소의 질이 많은 비료(썩은 황두엄, 온돌회)를 넘우 많이 실시하지말며, 또는 비분이 없는 척박한 땅세 근채류등을 심우지말어야 된다。 그러므로 근채류등을 심을때에는 반듯이 오양간 두엄(황두엄) 초목회등의 비료를 잘 썩이어서 실시하고 심으며, 또는 사질이 적당히 섞인 토양으로서 공기가 잘 드나들며, 한재가 쉽게들지도 않고, 또는 배수가 잘 되는 곧을 택하여 심우어야 한다。

그러므로 이에 대하여 근채류에 제일 적당한 비료와 토질을 택하는데는 무엇보다도 실지적 재료를 리용하되 파종하는 시기의 날자에 대하여서는 그 지방의 기후와 풍토에 맞아서 정하는것이 가장 필요하다。

2. 그러므로 특별히 근채류등을 심울때에는 만지 그 종자를 소독하여 심우는것이 필요하니 목회(木灰—나무 탄 재)를 종자의 7배 가량을 쉬어서 15분간 두 엇다가 체에 치거나 그렇지 않으면 그냥 심어도 무방하다。

3. 특별히 마르꼬프나 스뵤클라이 종자를 뿌릴때에 배개뿌리지 말것이니 만일 씨가 배개된경우에는두벌기음을 맬때에 잘 솎구어 간격이 고르재 하여야된다。

4. 비료는 초목회와 괴타린산이 많이포함된 비료를 실시하며, 넌넌작을 할때에는 석회석으로서 모든농구를 소독할것이다。그래도 이병에 걸린것이 있으면 인차뽑아서 땅에 깊이묻어바리고 뽑은자리에는 석회유로써 소독하여야된다。

5. 병을 예방하는데는 두벌 기음을 매어놓고 나어 석회액을 뿌리는것이 가장 필요한 방법이니 이 석회액을 재조하며, 사용하는 방법은 상술한『다두배채의 병해예방법』이라는 재목하에 기입된 조건들을 참조할것이다。

근채류 재배에 대한 성적 실험표。

(토질과 비료에 대한 성적)

식물의 종류	파종의 기일	실시한비료	제초의 회수	간격의 밀도	사질양토 1평방M수량 кг,	사질양토 1평방M수량 г,	수확의 %	점질양토 1평방M수량 кг,	점질양토 1평방M수량 г,	수확의 %
감자	11/V	갈린나야쓸리 (20 кг)	3	4 폭이	5	—	257 %	3	400	177 %
	"	구비(마분)	"	"	5	740	295 %	4	200	216 %
	"	퇴비	"	"	3	500	171 %	2	400	120 %
	"	주지않은것	"	"	3	800	196 %	1	940	100 %

식물의종류	파종의기일	실시한비료	제초의회수	간격의밀도	사질양토 1평방м수량		수확의%	점질양토 1평방м수량		수확의%
					кг.	г.		кг.	г.	
불루까	17/V	K 2°	3	9 폭이	6	500	278 %	4	—	144 %
	”	구비	”	”	8	800	208 %	3	250	114 %
	”	분회	”	”	9	140	321 %	5	300	180 %
	”	—	”	”	3	300	115 %	2	850	100 %
마르꼬프	17/V	K 2°	3	32폭이	2	250	281 %	—	800	100 %
	”	구비	”	”	2	800	350 %	1	900	237 %
	”	퇴비	”	”	2	300	285 %	2	100	262 %
	”	분회	”	”	3	150	395 %	2	50	2 6 %
스뵤클라	17/V	K 2°	3	12폭이	3	200	160 %	1	300	65 %
	”	구비	”	”	5	300	265 %	1	900	95 %
	”	퇴비	”	”	5	900	295 %	2	—	100 %
	”	—	”	”	5	450	272 %	1	800	90 %
로바	5/VII	깔린나야쏠리	3	10폭이	4	400		2	550	
	”	구비	”	”	6	400		3	510	
	”	퇴비	”	”	6	—		2	250	
	”	—	”	”	2	700		—	920	100 %

이상의 비교표는 직접 우두거우 꼴호즈청년학교에서 실험한것인데 (1932년도) 감자는 사질양토에 구비를주며 스뵤클라와 로배등은 사질양토에 퇴비를주고 심우는것이 가장적당하다。작물줄이 자라는동안에 중독을받지않어야 어떤병해에던지 쉽게걸리지 아니하는것이다。

각 꼴호즈에서는 채소의병을 예방하기위하여 그채소에적당한 토질과 비료를 리용하며 이상에지적한 모든조건들을 경험에 맞후어 기술적 농업으로 전환시기는 것이 중대한 과업이다。

채소의 해충을 구제하라。

채소의 해충도 역시 병해와 같은 손실을 가지어온다。채포판호즈에서는 해충예방 및 구제책을 충분히연구하며, 실행하여야된다。여기에 대하여는 무엇보다도해충의발생, 번식, 귀라를 연구하면서 투쟁의방법을 실험과 과학을 련쇄시기는데로 붙어 방향을 정하여야된다。

돌벌에의 해독。

다두배채를 모종한뒤에 제일많은 해독을주는 벌에는 오직 돌벌에(일명은 거십충)이니 길이 6—7см. 이되며, 빛은 갈색이였다。이 벌에는 6월중순에 땅속에서 분두지로붙어 나비가되어 알을쓸어 부화되며, 혹은 유충이 토양중에서 겨울을지나고 따뜻한 봄철을당하여 점점 소생된다。그것들은 밭에나는 풀뿌리에서 수분을 흡수하고 살다가 작물을 심우어 싹이나게되면 그 싹을 짜르고 수분을 빨아먹는다。

그런데 돌벌에는 특히 다두배채와 넢배채에 많은 손실을주며, 마르꼬프, 스뵤클라, 불누까등에도 역시해독을준다。돌벌에에 대하여 본 작자로붙어 삼년동안 실험한 재료에 의지하면 돌벌에는 달은해충보다 특수한점이있으니, 그는 성질이 넘우 음흉하고 동작이 가장민활하여 포착하기가 용이치못하다。더군다나 작물의 손해는 더 말할여지가없이 혹심하며, 그를 구제하는 방법까지도 심히 복잡하다。

이제 돌벌에의 귀생하는 조건들을 말하면: 유충으로붙어 나비가 될때까지 땅속에서 자라며, 습긔를 좋아하고 해ㅅ빛을 슬여한다。그러므로 땅속 (지면으로붙어 5—6cм。)에 들어가아 있으면서 오전 2—3시쯤에 땅을 뚧고 나오아서 모종하여놓은 다두배채(종이않거전에)의 닢과 혹은 속깩기를 칼로버인듯이 잘라놓고 배채의 수분을 빨아먹는다。

만일 비오는날이면 땅속에서 나오지않고 뿌리의 겁질을 긁어놓고 수분을 빨아먹으며, 항상 볕을 꺼려하는성질이 있기때문에 일온새벽에 땅속으로붙어 나오아서 온갓 해독을주다가 날밝기전에 다시 땅속에들어가서 여전히 은신하고있다。

그런데 이 해충의 침해를받은 작물들은 절로말나죽거나, 그렇지않으면 상처로붙어 병균의 침해를받아점차로 썩게된다。배채가 종이 앉을때에 큰 영향을주며, 또는 달은 푹이에까지 집렴을준다。

돌벌에의 해독을 예방하며 구제하는 방법이 여러가지의 종류로 난호아 있나니: 첫재로 윤작방식을 실시하면 해충이 소멸된다。그는 해충의 침해가 작물의 종류를딸아 발생됨으로 생존불적 (生存不適) 의 법측을응용하는 까닭이다。둘재로 추경을 잘 하여야 되나니, 땅속에와 작물긁에 잠복하여있던 유충과 그 알들을갈아 겉으로 번지어놓기때문에 겨울칩이에 얼어서 다시 생활력을 가지지못한다。셋재로 봄발갈이를 제때에하여 흙덩이 일지않게 고루히 갈아놓으면 유충과 그 알들은 겉에나온놈은 태양열에서 사멸되고 깊이묻힌놈은다시 땅속에서 다시 소생하지못한다。그리고 밭갈이를할때에 밭머리를 잘 가지아니하면 거긔에있던 유충들이다시 소생할수 있나니 이에 주의하여야 될것이다。네ㅅ재로 봄밭갈이를 시작할때에 해충에 손해를당한 밭에는 석회를 고루히 뿌리고 갈아번지는것이 큰 효력을준다(한걕따르에 1,5—2톤)。

1932년에 우두거우 골호즈청년학교에서 실험한바에 의지하면 이상에 열거한 방법으로써 돌벌에를 구제하는데 큰 성과를 보이엿다。 그러나 주의할것은 석회를 뿌리고 간밭에 인차 파종하거나, 모종을 하면 않될것 이다。

그림 21. 돌버러지。

돌벌에를 구제하는 약품도 사용할수 있나니 그것은석회, 유황혼합제가 가장필요하다。1931—32년에 우두거우 골호즈청년학교에서 실험한결과에 의지하면 달은약품들(우리가 아는약품)은 해충을 죽이견 채소에 해를주고 채소에 해가없도록하면 해충이 죽지않는 일들이 있엇다。내종에 석회, 유황혼합제의 방법에서 좋은 성과를 보앗다。

석회, 류황혼합제의 제조방식。

(석회, 소다는 그람, 물은 리뜨르의 단위로함)

처 방	생석회	류 황	맑은물
보통식	375	450	18
농후식	2250	4500	18
소다, 류황제	937(소다)	1870	18
풍화석회	—	—	—
류황제	106	212	18.

이상처방에대한 약을 제조할때에 솥은 두개를사용하게되나니 한솥에는 먼저 류황을넣고 물을조금가하여 류황을 젓어놓고 생석회를 넣어 용해시긴후에 물은 3—4리뜨르를 붓는다。그것이 40—60분동안에 끓게되면 첨에는 담황색이 나다가 차차변하여 적갈(赤褐) 색이되고, 류황은 다 용해되어 우으로 뜨어올나 온다。그때에 달은솥에서 끓은물—15리뜨르를 합데 혼합하면 약은다 제조되는것이다。

약을 사용하는방법은 오전 2—3시(새벽) 경에 채소의 줄기와닢에 고루히뿌리어 그 채소목이의 전체가 다 젖게한다。이슬이 많은 때에는 약물에 밀가루로 쓴풀 0,4—0,5리뜨르가량을 혼합하여 사용한다。

이약을 사용하는데 특히 주의할조건들이 있으니, 채소에 뿌릴때에 분무기를 사용할것이며 약을제조한후 5—6시간내외에 사용하고 그남어지약은 다시사용하지말아야된다。이약을 사용한곧에 석유유제를 사용하면 채소에 해를주나니, 그는 석유가딸로 분해되는까닭이다。부득이 사용 하여야될 경우에는 20일 후에 사용할수있다。

배채벌어지의 해독。

돌벌에 외에도 닢배채와 다두배채에 해독을주는 해충이있나니, 이것을 고려인농촌에서 배채벌에라고 지칭한다。이 벌에가 첨 까는때에는 유백색(乳白色)이던것이 자라면서 암록색(暗綠色)으로 변하며, 길이는 5—6싼지메뜨르가된다。이벌에는일년에 세번식 발생하는데유충이 그대로 채소의줄기, 닢사귀에나 또는 잡초에붙어서 분더지(蛹)로변하여 과동하고 담해 7월경에 나비로변화되어 알을 닢배채와 다두배채에 쓸는데 그알의 수효는 보통으로 90—100개가된다。이것이 7—8일 안으로 까노아서 채소의 해충이된다。닢배채나 다두배채가 통이앉기 시작할때붙어 해를주는데 가장연한 속닢으로 붙어 이리저리 긁어먹으며, 유충이 차차자라면서 배채의 전체닢을 긁어먹는다。닢배채와 다두배채에 큰 손

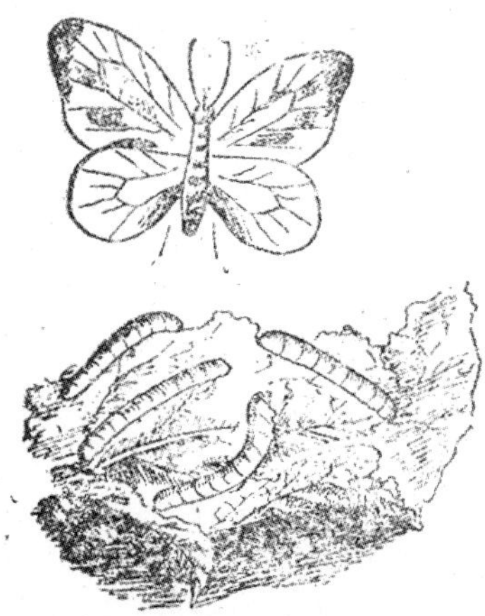

그림 22. 배채벌에, 나비。

해를 주는것이다。낢배채는 더말할것없고 다두배채가다 옥은뒤에라도 아충의침해를 받게되면 쉽게썩는다。

아충이 발생되는 증조는 힌나비가 떼를짛어 2—3일간 날아단니면서 배채낢에 접근되면 그후 7—8일내에 밭전체는 벌에의 천지가 되나니 이는 나비가 알을쓸어놓은 까닭이다。이 벌에들은 채소의진액을 빨아먹고 괴생하는데 더욱 날세가 음침하고 계속하여 흐이게되면 채소의 손해가 크게된다。

아충의 예방，구제에대하여 본 작자로물어 여러해동안 연구 실험한중에서 제일 효과를 얻게된것은 보다도 낢배채를 심우거나，다두배채를 모종한뒤에 5—6일을지나서 예방법을 리용하는것이 필요하다。낢배채를 심을때에 들깨씨를 20%가량을 섞어서 심우며 다두배채를 모종한뒤에 2—3폭이 건네로 들깨를심은다。배채와 들깨가 함께자라는동시에 첫벌기음을 맬때에는 잡초만 없이어 버리고 두벌기음을 맬때에는 100cm.어간에 들깨를 1—2폭이식 낢기어두고 그낢어지는 다 뽑아버린다。다두배채발에도 역시 몇폭이건너에 한대식두면 배채가 자라는데 아모지장도 없는것이다。

들깨에서 고약한냄새가 나므로 나비가 날아오아서 알을쓸지못하며，간혹 벌에가 낳다낫다가도 자연히 소멸되며 또는 장차 들깨의수확도 적지않으려니와 기음맬때에 뽑아버린 들깨들은 후치질을 할때에 다 묻히어서 토양의 비료가되므로 작물은 더 잘 자라게된다。

닥장벌에의 손해。

닥장벌에는 봄무우, 배채가 나서 두닢사귀가 될때에 많이 번성한다。보통 고려인농촌에서 이 벌에를 예방하기 위하여 아츰이슬이 마르기전에 재(灰)를뿌리는 일도 있었다。그 벌에가 번성할때에는 이 방법으로 구제할수없다。여기에도 들깨를 간간히 심우게되면 닥장벌에가 전부 발생되지못하고 간혹있는 것도 자연히 소멸된다。

그림 23. 닥장벌에。

그런데 특히 주의할 것은 무우가 뿌리들고 배채가닢이 커서 벌에의해를 받지않을만한 때에는 들깨들을 모조리 뽑아 치우어야 채소의 손해가 없게된다。

경험에 의지하면 봄 무우와 배채를 넘우 매마른 땅에 심우거나, 또는 넘우 일즉이, 넘우 늦게 심우어도 해충의 침범을 받게되나니, 각 채포경리에서는 이에 주의하여야 된다。

배채 벌에를 구제하는 방법。

해충구제에 가장 편리하고 효력있는 약품을 이에 소개하나니 이약은 어떤 해충이던지 다 구제하지만은 특히 배채벌에를 없이는데 가장 묘방이라고 한다。

그 제약법은: 소삽연 450그람, 비산소다 100그람을 물—450리뜨르에 혼합시긴다。이상 두종류의 약을 물에 넣으면 화학적 작용에 의하여 흰빛으로 변한다。 만일 450리뜨르의 물이 많다고 인정하고 그약들을 다넣게되면 채소에 해독을 준다。

이 약을 사용하는데 편리한 점은: 값이 헐하고 제조하는 방식이 복잡하지 않으며, 빛이 히기때문에 채소에 고루뿌리기가 적당하며, 해충약—파리록 (巴里綠) 보다 가볍엲음으로 뿌릴때에 분무귀 밑에 갈앉지 않으며, 한번제조하여 오래두고 쓸수있다。

이밖에도 원동 식물보호소에서 권장하는 해충구제약이 있나니, 제조하는 방법은 파리청 16그람에 석회 32그람과 물 12리뜨르를 혼합한 뒤에 밀가루 한마간을 섞어서 잘 젓어가지고 분무귀에 넣어 사용한다。 이 약도 값이 헐하고 효력이 속하다。현재 각 채포원에서 흔히 사용하는『후도리쓰닷뜨르』약에 비하면 효력이 몇배나 더 많게되나니 이상의 약품들을 꼭 준비하여 두어야 된다。

배채의 고자리에도 주의하라。

배채의 고자리는 배채가 나서 5—6닢이 될때에 발생되나니. 줄기로 붙어 차츰 먹어들어가서 배채는 통이 앉지 못하게되며 무우와 불누까에도 역시 생기어 해독을 준다。

이 벌에는 척박한 토지에와 오양간 두엄으로 붙어 발생하나니 비료에 주의하며, 척박한 토지라도 부득이히 채소를 심우게된 경우에는 과린산 석회를 발가리

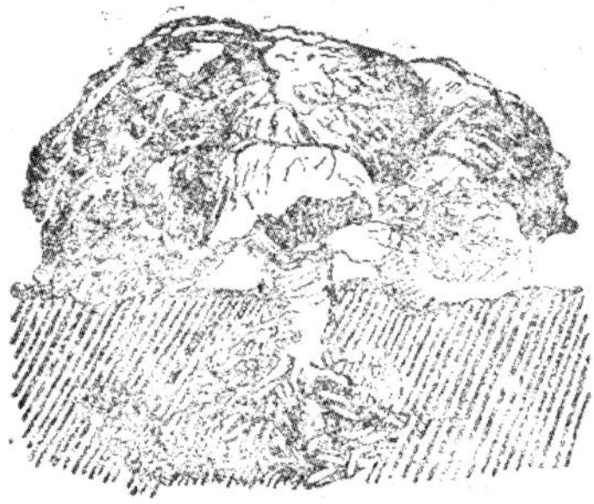

그림 24. 누른 빛 나는 다두 배채。

시작하기전의 6—7일을 앞에두고 실시하며, 이밖에도 륜작법을 응용하는것이 고자리를 없이는데 필요한 조건이다。

고자리를 구제하는 약방은 물 한메드로에 석탄산수 40그람, 비눌 80그람을 섞어가지고 모종둑에 한때간식을 부어주면 고자리가 소멸된다。

그림 25. 건강한 다두배채。

채소의 저장에 대하여。

채포 팔호즈에서 많은 수확을 얻었더래도 저장에 주의하지 않으면 큰 손실을 당할것이다。 더욱히 종채

가 실수되면 이듬해 파종에 반듯이 장애를 받을것이다。이에 한가지 실례로 본다면, 1932년에 해상구역 부분적 채포꼴호즈에서 다두배채, 마루꼬프등의 채종을 미루준비 못한 관계로 파종에 큰 난관을 받고 계획을 제때에 실행하지 못하엿으며, 우두거우『신세계』조합에서는 씨앗이 잘못되어 50%이상의 손해를 당하엿다。

이상 꼴호즈들이 자기로 짓은 채소중에서 종재를 선택하여 잘 저장하엿더면 그와같은 손해와 곤난을 받지 않앗을것이다。 채소 저장실을 잘 짛어 놓고 겨울동안에 얼지않으며, 썩지않도록 보관하여야된다。농학에 일은바『금년에 농사를 잘 짛엇다라고 하는말은 반듯이 작물들을 다 두다리어 창고에 들이고 하라』던셈으로 채소의 추수만으로는 풍작을 파장하기 어렵다。더군다나 채소는 저장실에서도 손실을 당할수있는 까닭이니, 이에 주의하여야 된다。

저장실을 구조하는 방식은 과학상에 요구되는 조건들이 있나니, 먼저 적당한 위치를 택하여야 된다: 땅이 조강하고 습기가 잘 범하지 않으며, 비가 오아도 물이 몽이어들지 않을만한 높은 땅을 택하여야된다。그리고 늦은 가을에 미루 땅굴을 파되 굴의 길이와 넓이는 저장할 채소가 많고 적은데 딸아서 정할것이다。보통으로는 그 깊이를 1,5—2м되게 파며, 넓이는 4—5м, 길이는 5—6м 되게 할것이다。

다두배채와 마르꼬프를 밑에 두는 경우에는 저장실 땅바닥에 목재로 장판을 펴고 사면 벽에도 목재로귀들을 싸어서 벽이 문허나리지 않도록 하며, 그 장판의 한복판에는 공긔통을 장판밑으로 붙어 높이 공중을 향하여 세우어서 땅 밑으로 붙어 올라오는 습긔를 걷우게 하며 그밖에도 역시 공긔통을 좌우쪽 두 곧에 세우어서 움안의 습긔를 걷우게 하여야된다。

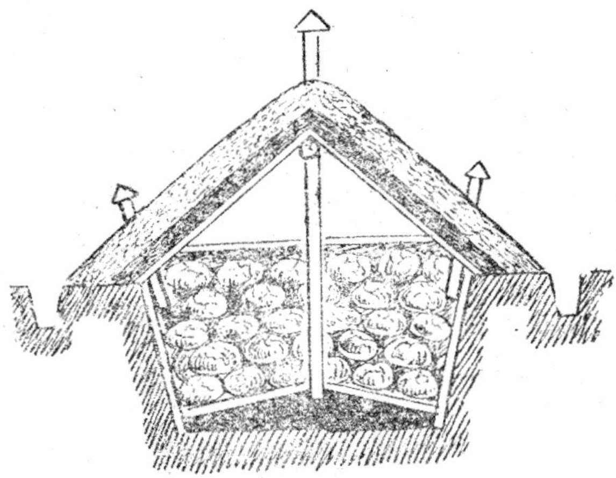

그림 26. 저장실의 구조。

출입구를 내는 방법도 역시 저장실이 크고 적은데 딸아서 다르게 할것이나, 만약 저장실이 적으면 천반의 한쪽벽에 반듯이 객문을 하여야 된다。 특별히 천반에는 말은 짚과 새를 펴고 흙은 두텁게 덮어서 외온(外温)의 영향을 받지 않도록하며, 밖에 습긔가 저장실 안으루 들어 오지 않도록 하여야 된다。 경험에 의지하면 밖으로 새어들어오는 습긔를 막는 방법은 흙을 많이 덥는데만 있는것이 아니라 저장실 주위의 네

굽에 도랑을 파는것이 더좋은 방식이다。 도랑의 넓이를 50—70싼치메뜨르, 깊이를 50—60싼치메뜨르되게 파내인것이 가장 적당하다。 이렇게 만들면 겨울에 동기가 들지않고 습기가 침범하지못하므로 저장하여 둔 채소는 상치 않으며, 종채에도 별반 침해가 없다。

그러나, 저장실이 잘된것만으로도 종채를 저장하여두는데 안심할수 없는것이니, 무엇보다도 종채로 쓸— 다두배채, 마르꼬프, 스뵤클라등을 잘 보관하여 손실이 없도록 예방책을 연구하며, 기술적으로 저장하는 방식을 리용하여야 될것이니 각 채포 끌호즈에서는 이에대하여 주의하여야 될것이다。

종채를 걷우는 일과 그에 대한 주의。

보통 식용(食用)으로 저장하는 채소에 대하여서도 겨을동안에 썩지않도록 주의하여야 되겠지만은 특별히 채종을 받기 위하여 저장하는 종채에 대하여는 특별히 취급하여야 되나니, 이것은 채소경리에 큰 리해 관계가 있는 까닭이다。 그러므로 위선 종채로 저장할 다두배채는 추수할때불어 주의하여야 될것이니 다두배채는 건전하고 해충의 침해를 받지 않었으며 뿌리가 굽울지 않고 상치 않은것이라야 쓴다。

이것을 뿌리채로 잘 간수하여 상치않게하고 그뿌리에 붙은 흙을 털어가지고 2—3일간 볕에 건기를 들인다。 마르꼬프, 스뵤클라등의 근채류 작물도 역시 싹이 나는 부분에 상처가 없고 썩을만한 긔운이 없는 것을 가리어서 해볕에 말리우되 특별히 근채류는 닢사귀가 붙은 곧으로 붙어 3—4싼지메뜨르 가량식 남기어 놓고 잘나버리어야 된다。만일에 식용으로 저장하는 근채류와 같이 밑까지 발싹잘나 버리면 저장중에서 속히 썩을 위험도 있으려니와 이른 봄에 밭에 내어 옴기어도 싹이 잘 나오지못하며, 간혹 나오는것이 있더래도 심히 연약하여 바람에 넘어질 위험과 씨앗을 많이 따지못하게되는 폐해가 있게된다。

닢배채를 종채로 저장할때에는 제일 건전한것으로 택하여 뿌리에 흙을 다 털어버리고 닢사귀 붙은데로 붙어 6—7싼지메뜨르만 남겨두고 잘나 버린뒤에 역시 뿌리와 줄기가 상치 않도록 해볕에 3—4일간 말리는것이 경험상 제일 안전한 방법이다。이와같이 하여가지고 저장실에 넣을때의 보통 긔온은 약 $C+3—6°$ 될때가 가장 적당하다(십월 15—25일경에)。저장실에 넣을때에도 역시 움속에서 썩는 폐해를 예방하기 위하여 준비작업이 있어야 할것이니 다두배채와 긔다 종채를 소독하여 넣으어야 썩는 일이 없을것이다。

、 다두배채보다 마르꼬프와 스뵤클라, 사탕무우 등은 조곰만 잘못 취급하여도 너어 썩기 시작하며, 또는 전렴이 급속히 되어 저장한 종채 전부를 썩이는 일이 많다。보통 썩게되는 리유는 종채를 잘못 취급하여 얼군다던지, 움속에 습긔가 많다던지, 온도가 일정치못한

가운데서 생기게 되는것은 더 말할것도 없지만은 저장할때에 소독하지 않은 관계로 미균이 점차 증식되는중에서 썩는 일도 흖다。

종채를 소독하는 방법。

어떠한 채소던지 썩게되는는것은 미균의 작용에 관계되므로 살균제를 사용하여 균을 없이하는것이 즉 채소를 썩지 않게 하는것이다。그런데 이 살균제를 사용할때에는 여러가지 조건들을 보아서 사용하여야 되나니;

첫재로 채소에는 조금도 해를 주지않고 기생균(박테리아) 만 죽이는것을 사용할것이며;

둘재로 가격이 눅고 구하기 쉽으며 제조하기가 매우 헐하고 사용하기에 편리한것을 리용할것이니 채소를 저장할때에 사용하는 살균제중에 특히 담과 같은 방식을 리용하도록 할것이며, 딸아서 언제던지 채포꼴호즈에서는 이 약재료를 항상준비하여 두도록 힘써야 된다: 생석회, 류산동, 류황, 석탄산수, 포로말린, 염기성 탄산동, 등을 다 소독 약품으로 사용하는것인데 특히 채소 저장에서 사용하는 방법은 저장실안에 지 화로(쇠나 혹은 양철 화로)를 놓고 그 우에 양철을 놓은뒤에 류황가루를 태우고 그 비례는 저장실 1평방메뜨르에 류황가루 20—25그람식 태우고 2—3일간 공기류통이 되지못하게 두었다가 열어서 텃을후에 채소를 넣으면 상

하지 아니므로 아모 염려도 없다。 24시간 동안에 효력을 보는법이 있나니:

우에서 말한바와 같이 저장실안에 화로를 놓고 류황을 태우는 비례만 더하면 되는데 보통 1평방메뜨르의 면적의 저장실에 류황가루 100그람비례로 태우면 24시간 후에는 곳 리용할수 있다。

비고. 류황을 태운후 1―2시간 내외에 출입하면 생명에 관계 되나니 특히 주의할것。

이 밖에도 여러가지 방식이 있는바 그중에 제일 간편한것은 생석회를 저장할 채소에다가 고루 뿌리어 두는것이다。 그러나 이상에 지적한 방식을 리용할수 없을만한 경우에 사용할것이다。

저장실에 넣는 방식과 관리 방법。

상술한 살균재로써 소독한 종채도 역시 잘두고, 못두는데로 볼어 그에 관계가 있으므로 여러해동안의 실험에서 저장법을 말하려고 한다。

다두배채를 저장할때에는 무엇보다도 그 뿌리가 상치 않게하며, 꼭지가 떨어지지 않게 취급하며, 만저 겉닢을 전부 뜯어 버리고 장판우에 차례로 세우어 두되 뿌리가 우으루 향하게 놓고 두벌에는 첨놓은 사이에 또 그모양으루 세우어놓을것이며, 그 담에도 역시 그 모양으로 세우어놓는데 그 높이가 2메뜨르 이상이 되어서는 아니된다。 경험에 의하면 보통 1―1,5메뜨르의 높이가 가장 적당하며, 마르꼬프는 특별히 그모이 한데 다이지 않도록 하여야 된다。마르꼬프가 서로 겹놓이 거나, 혹은 그몸이 서로 닿게되면 닿인 짬으로 붙어 썩기 시작하는 폐해가 있나니 단지 습기가 없는 세 모래를 준비하엿다가 장판우에 3—5cm 높이되게 고루펴고 담에 마르꼬프를 차례로 줄을짛어 서로 다이지 않게 놓은 뒤에 다시 모래를 2—3cm 가량, 펴서 마르꼬프가 보이지 않도록하되 그 높이를 0,7—1메뜨르되게 쌓어 놓을것이다。

스뵤클라, 사랑무우도 역시 이와같은 방식을 리용하는 것이 필요하다。형식은 그렇게 할지라도 넘우 높이 쌓지않도록 주의하여야 되며, 특별히 감자와 다른채

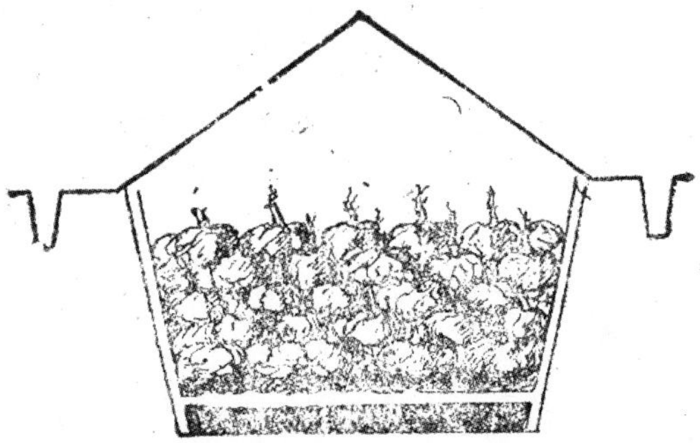

그림 27. 닢사귀를 그대로두고 저장한것。

소들을 한굴에 넣어서는 안된다。 감자를 같이 넣으면 이로붙어 썩는폐단이 많이 생기며, 온도의 조절에도 적당치못하니 다소간이라도 습기가있는 저장실에는 더욱 위험성이 있다 。

그리고 채소를 다 저장하여 놓은뒤에도 자조 살피어서 잘못되는 일이 없도록 하여야 된다。

그러나 채포에 경험이 적은 콜호즈들에서는 한번 저장하여 놓고는 다시 살피지 않고 봄까지 안심하고 있나니 이것이 큰 잘못이다。

저장하여 놓고 반듯이 수직을 두어 3일간에 1차나 혹은 5일에 1차식 저장실에 들어가 잘못되는가를 감시하며, 또는 도적까지라도 들지 안는가를 잘 살피어야하며 온도의 조절과 기타 모든 진상을 잘보아서 날마다 일지를 쓰어두면 장차 채소저장에 새로운 기술과 경험을 얻을 것이니 이것이 채포 꼴호즈에 중요한 임무이다 그리고 새로 만든 저장실에 채소를 넣을때에도 주의할 조건들이 있나니 1932년도에 우두거우 꼴호즈청년학교에서 실험한바에 의하면 담과같은 실례를 볼수 있게된다。

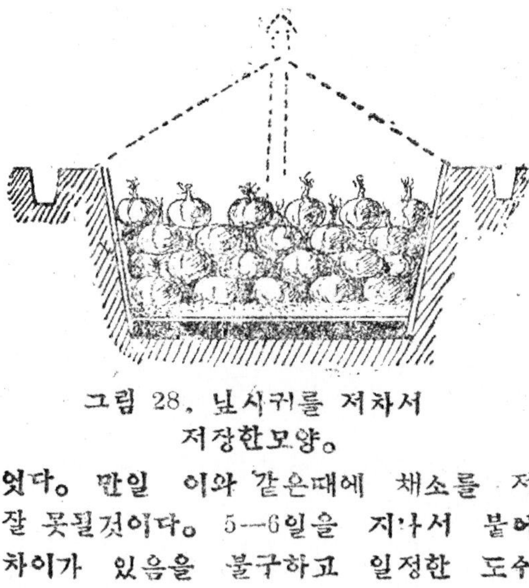

그림 28. 넢시귀를 저차서 저장한모양。

1) 저장실을 새로 만들고 니어 채소를 저장하여서는 아니된다。 웨 그러냐 하면 3—4일간 온도가 일정치않고 할호에도 밤과 낮이 서로 달나서 온도가 울으고 나리는것을 보개되엿다。 만일 이와 같은때에 채소를 저장한다면 반듯이 잘 못될것이다。 5—6일을 지나서 붙어는 밖에 기온의 차이가 있음을 불구하고 일정한 도수를 가지게 되는 때에 채소를 저장하여야 직당하다。

2) 저장후 제일 적당한 온도는 평균 C+3°—6° 가 되어야 하나니 만일 2° 가못되면 채소는 얼어서 씨가

얼므로 쓸수없게 되나니 각 채포원에서는 채소저장실의 온도가 이상에 지적한 도수가 못될때에는 란로를 장치하고서도 반듯이 적당한 온도를 보존하도록하며, 특별히 수직을 세우어서 잘못되는것을 인차발견하여 그에 대책을 실현 하면서 손실이 없도록 특별히 주의를 돌리어야 될것이다。

이와같이 저장하는데 있어서 각 채소꼴호즈에서실행하여야될 조건들을 열거한다면:

1) 수직을세우어서 3일1차나 5일1차식 감시하며;

2) 한란계와 습도계를 장치하고 온도와 습기를 조절하며;

3) 썩을증조가 보일때에는 지체하지말고 채소들을 다 뒤집어 놓으면서 잘 가리어 넣도록하며;

4) 저장소에서 실험적 일귀를 작성함과 채소가 잘못되는것을 발견하는 일체책임을 수직원에게 맡기도록하여야된다。

모종을 심우는데 대하여。

종묘를 일은봄에 심우는데도 그 종류를 딸아 각각 달으게된다。다두배채의 종묘는 봄날이 따뜻하여 얼지않을만한 시귀에 저장실로붙어 전부 끄어내며, 닢사귀와 기타 썩은부분을 다 베이어던진후에 따뜻한 해빛을 보이어가지고 속뚱이 상하지않을만한 한도에서 삼각이 나게베이어 심은다。

만약 걸닢을 베이지아니하고 그대로 심어놓으면 속뚱이 나올때에 지장을받어서 속히나오지 못할뿐만아니라 꽃대가 굽으러지어서 충실한발육을 얻지못하며, 혹은 닢사귀속에서 불러지어서 아조 잘못되는일도 있다。 딸아서 날마다 그 발육되는 정도를보아 겻닢을 제처주어야되나니 반듯이 상술한바와같이 삼각형으로 비히어심우되 그 시긔는 연해주에서 5월1일—12일에 심우어야 된다。만약 넘우 늦게심우게되면 가을에 채종이 다 성숙 되기전에 서리를 맞게됨으로 많은손실을 당한다。

그림 29. 종묘를가 심은것。

그러므로그 지방의 풍토와 긔후를 보아서 심우어야되나니 보통 다두배채는 종묘를 심은날로붙어 95일이되어야 다 성숙된다。실험적 일긔에 의지하면 다두배채는 5월6일에 모종을 심은것이 5월 14일에 꽃대가 나오았으며, 6일16일에 꽃이피기 시작하여 7월 3일에 장다리가 앉었으며, 7월28일붙어 성숙하기를 시작하여 8월20일에 다 걷우게되었다。

닢배채는 5월6일에 이종한것이 5월 10일에 꽃대가 나오기를 시작하여 6월6일에 꽃이피게 되엇고 6월12일

붙어 장다리가 안나서 7월 26일에 다 걷우엇다。

모종을심우는 시기에 대하여서는 우에 지적하엿거니와 심을때에 그 간격을 바로정하여야 될것이니 그방식도 역시 정삼각형 (正三角形) 과 정방형으로 난호이엇다。

1) 삼각형으로 심우면 채종의 꽃대가 쨔란후에 공긔류통이 잘 되며, 기음을 맬때에도 채종희아지가 상치않게되나 기음에 많은 로력을 허비하게되며, 종묘의 벋힘대 (종묘가 넘어지지 않게하기위하여 사방으로틀을 만들어 벋히는 것) 를 세우는데아조 불편하다。

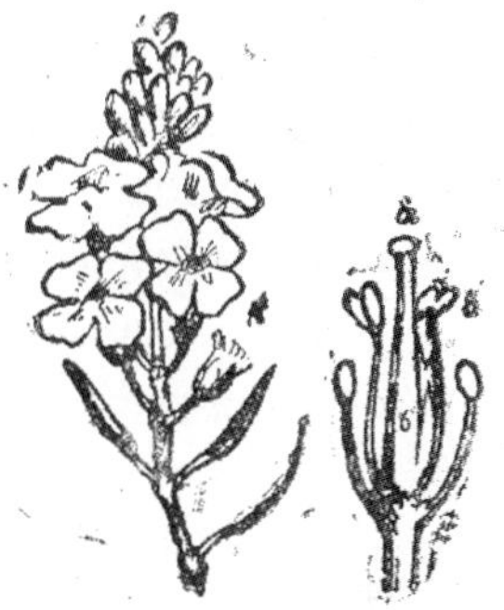

그림 30. 종묘의 장다리。

2) 정방형으로 심우는 방식은 공긔류통이 다소간, 잘못되는점은 있으나 심우어 놓은후에 손질을 하기가 쉽고 가음에도 로력이 적게들게된다。

그러므로 어떠한 골호즈에서던지 종묘를 심을때에 반듯이 정방형식을 리용하는것이 필요하며, 그 간격을 바로정하여 공긔류통이 잘되도록하며, 기타 기음과 벋힘대를 만드는데 지장을 받지않도록 할것이다。보통 그 간격을 정하는데는 사방 70—100*cm*.가 되게하는것이 가장 적당하며, 심을때에도 넘우 열게심우지말어야되나니 만일 종묘를 열게심우면 바람에 전부넘어지여 잘못되는 일이있다。딸아서 그 깊이는 닢사귀가 붙은데로 붙어 7—10*cm*. 의간격을 내여놓고 잘 묻도록

하며, 비료는 보통 재(灰)에 인분을 혼합하여 주는 것이 좋으며, 꽃이피어 장다리가 앉기 시작할때에는 벋힘대를 만들어 줌으로써 바람의 위험을 막는것이다。

채종을 어떻게 걷우는가。

완전한종자를 얻으려면 채종을 걷울때붙어 특별히 주의하여야되며, 종묘를 자래울때에도 기술적으로 잘살피어야된다。특별히 다두배채의 종묘가 자라서 꽃이피기 시작할때에는 먼저 아지마다 끝에나는 순을 잘집어주어야 할것이니 만일 순을 잘으지않고 그대로 두게되면 아지가 충실하지못하고 키만 크게됨으로 바람에 견되지못하며, 또는 장다리가 일시에 결실되지못하여수확을 많이얻지 못한다。그러므로 다두배채 종묘에대하여서는 반듯이 순을치어 주어야된다。경험에 의하면다두배채종묘의 원 쫑대에서 받은 종자라야 통이 잘오굴며, 수량이 많게된다。뿌리의 부분으로붙어 자라난 곁아지에 맺힌 씨앗을 심우면 다두배채가 오굴지도 않으며, 간혹 오구는것이 있다고하여도 수량이 얼마되지 못하는것이 명확하다。까닭에 곁아지가 많이생기는것이 도로혀 원쫑대에서 얻은수확까지 감소시길수 있으니 첨붙어 뿌리의 부분이 상하지 않도록 다 잘나 버리는것이 픽필요하다。

그러나 종묘를 저장할때붙어 미리 겻닢사귀를 떼고 종묘의 원쫑대가 생기는끝을 칼로 버히어서 두엇개가 봄에 심우게되면 원쫑대는 나지않고 곁으로만 굵은 아지가 많이 나오아서 장다리가 많이얻게 된다。이방식을 리용하게되면 원쫑대에서얻는 씨앗의 수량보다 더많이 얻게된다。그뿐만 아니라 저장할때에 자리도 적게차지하게 됨으로 여먼편으로던지 많은유익이있다。그러나 닢을 따내일때와 칼로버일때에 주의하여야 된다。

그러나 어떤채포에서는 채종장다리가 절반만 성숙되면 그것을 쯩대채로 버히어서 말리우어가지고 씨앗을 받나니 실로 위험한일이다。여물지못한 종자에서 나는 모종은 약하게 되며, 또는 중독되어 수확을 감소시긴다。

그러므로 장다리가 여물시긔에는 그를 매일감시하여 만저 여무는족족 걷우고 채우어 여물지않은것은 성숙긔까지 기달리어 걷우야된다。채종에서의 순을치고, 않이친것과 잘여물고 않이여문것에대한 비교표를 아래에 보인다。

구 분	폭이수	수 량		실험으로 종자를 심은알수	싹난수	비 고
		kr	r			
순을친것	10	4	350	—	—	—
순을치지않은것	10	—	510	—	—	—
막우베여받은것	10	—	370	100	100	약한뿌리57
끝까지익은것을 가리어받은것	10	—	612	100	100	약한싹이 2

구 분	폭이수	잘오군것	잘오군지못한것	비 고
원종대에서 받은씨앗	20	20	—	—
결가지에서 받은씨앗	20	8	12	잘오군것도 역시 크지못하고 완전치 못하게되었다。

닢배채의 종묘는 다두배채의 종묘보다 더 속히성숙되며 키도 높이자라지 않음으로 로력이 적게든다。모종은 역시 다두배채와 같이심우며, 심우는방식은 정방형으로하되 간격은 50—70cм.가량이 되게하며, 종자를 받을때에, 그 성숙되는것을 잘 살피여서 줄기를 캐어가지고 4—5일동안을 볕에말리운뒤에 씨를취한다。닢배채의 모종은 심운날붙어 성숙기에 이르기까지, 기후의관계로 다소간 차이가 있지만은 대체로 60일이면 완전히 여물게된다。닢배채 종묘에 대한 일지에 의지하면 오월 6일에 심은것이 5월10일에 동대가 나기시작하여 6월6일에 꽃이피었으며, 동12일에 씨가 앉어가지고 7월18일에 걷우게되엇다。

근채류는 엽채류와 달나서 묘두(苗頭)가 썩기쉽으니 모종을 심두기전에 썩은것은 모조리 석회에 쉬어서 땅속에 깊이묻어버리고 묘두가 상치않고 또는썩을만한 위험이 없는것을 잘 가리어、석회 20%를 혼합한물에 싯어가지고 심우되 간격은 사방40—60cм. 식을 정한다。심을때에 묘두의 밑까지 잘 묻어놓고 오양간 두엄을 그우에 약간펴놓는것이 필요하다。이와같이하면 여간한 봄칩위에는 얼지않고 싹이 속히터서 잘 자라게된다。

마르꼬프, 스뵤클라, 사탕무우등의 모종은 심우어서 90일이 되어야 씨를털게되며, 닢배채와 로배, 무우등의 씨가 여물때에는 종달새(씨앗을 먹는새)들이 많은손해를주나니 이에 주목을 돌리어야된다。

채종의 저장과 취급하는 방법을 과학 및 실지경험에 의지하여 진행하여야된다。채종은 그종류에딸아 발아력의 기한이 오라지 못하여 해마다 싹이나는 파센트가 화곡작물에 비하여 속히 줄어들게 된다。다시말하면 료배와 무우종자는 한해라도 묵이어 심으면 장다리만앉고 뿌리가 들지 않으며, 기타채종들도 사년만 묵이게되면 발아력이 손실된다(혹시 싹이나는 종류가있어도 45—55%는 발아력이없음)。

채종의 발아력이 쇠퇴되는리유는: 습도와 온도가적당히 조절되지 못하는 데에서와 넘우 간조한곧에두어종자가 보존하여 가지고있는 수분이 비산된 까닭이다。그뿐아니라 채종이 완전히 여물기전에 걷우거나 비와서리를 맞히거나 넘우 습한데 두엇거나, 넘우뜨겁은 볕에말리운것도 역시 그렇다。다시말하면 채종을 저장한 장소에 공기가 간조하고 온도가 C—50°이상이되거나, 습도가 40° 이상이되며, 온도의 급변이 많은등 조건하에는 채종의 발아력이 보통 30—40%는 감소된다。

위선 채종을 걷울때에 잘 여문것을 취하며, 그를 세정할때에 달은물질이 하나도 없게하여가지고 좋은일기를 택하여 2—3일간 깨끗한 자리에 제알식 펴놓아말리운다。거기에 적당한 온도는 섭시—28°—30°로 정하고 35° 이상은 절대로 피하여야된다。

채종을 저장하는 장소는 온도가 낮은곧보다 높은곧이라야되며, 습기는 전부 없어야된다。채종을 곡간에 두지말고 사람이 거처하는 방안에 두는것이 필요하다 채종은 자체의 작용보다 외계의 영향을 받는대로서 싹이나는힘이 감소된다。

채종을 온도가 넘우높은곧에 넣엇거나, 여러해동안 묵어서 싹이나지 않는다면 반듯이 그에대한 약방을응용하여야 된다: 염산1%를 탄 물에 싯거나, 린산을 0,04%를 탄물에싯으면 싹이발생된다。또는 과만간산가리(KMnO4) 0,5%를 탄물에 5—10분동안 담아두엇다가 심우어도좋다。그러나 습기가 많은곧에 두엇던것은 어떤방법으로던지 발아력을 회복할수 없는것이다。보통 긔온이C—4°—6°되는곧에 두엇던 종자의 발아력을 실험한 결과를 본다면 담과같다(괄호즈청년학교에서)。

번호	채종의명칭	제1년 싹나는 %	제2년 싹나는 %	제3년 싹나는 %	제4년 싹나는 %	비고
1	다두배채	99	84	72	65	
2	마르꼬포	100	73	34	12	
3	봄무우	100	60	56	35	
4	스뵤클와	100	91	74	67	
5	물외	100	54	20	12	
6	원두	97	82	60	40	
7	닢배채	96	88	72	54	
8	불루까	100	98	90	72	
9	열콩	100	90	73	48	

채소를 심우는시긔와 그에 적당한온도。

채소를 심을때에 적당한 시긔를 리용하여야된다。그러나 그지방긔후와 토질의 관계로 다소간 차이가있나니, 파종시긔에 먼저 온도의 관계를 잘 계산하여 두엇다가 해마다 참고하는것이 가장필요하다。보통경험에 의하면 어떤채종을 물론하고 온도가 C—20° 이상이 되지 못하면 싹이나지못한다。간혹 싹이나는것이 있다고하여도 잘 자라지못하며, 적당한온도는 채소의 종류에딸아 차이가 있지만은 보통 C—15°—20° 이다(온도가넘우높으면중독을받음)。채소를 심우는데 적당한온도를 실험한 비교표를 아래에 기록한다。

번호	채소의 종류	온도와 싹이나는데 걸리는날자						가장 적당한 온도
		온도	날자	온도	날자	온도	날자	
1	감자	C-10°	28	C-16°	18	C-19°	15	12
2	다두배채	”	4	”	1—8	”	1	15
3	낲배채	”	3	”	1—5	”	1	15
4	마르쿒프	”	6—8	”	4—5	”	3—7	16
5	스뵤클라	”	10	”	4	”	3—5	16
6	수박	”	15	”	18	”	8	17
7	참외	”	8	”	6	”	5	16
8	물외	”	7	”	5	”	4—5	16
9	호박	”	12	”	10	”	5	17
10	원두	”	3	”	1—8	”	1—5	14
11	담배	”	15	”	10	”	5—8	16

각종채소를 심을때에 먼저 파종에대한 종자의수량불어 정하여야되나니, 먼저 발아력을 시험하여 가지고 그외분량을 가감할수있다。동시에 비옥한토지에는 종자량을 적게정하고 척박한토지에는 종자량을 더 증가시기어야된다。토질에 딸아서 씨앗을 배게심우며, 드물게심우는것이 수확에 큰 관계가된다。그러나 지금 어떤콜호즈에서 보편적으로 배게심우는 인습이 그양 남아있나니

이 결점들을 속히 퇴치하여야된다。이제 해삼구역 각채포에서 한겍따르에 정하혀놓은 씨앗의 수량을 아래의 양식에 표시한다。

번호	채소의 종류	파종기일		1ra에 파종량		성장일수
				kr.	r.	
1	감자	15/V	10일 이내	600	—	105
2	다두배채	10/IV	10일 이내 (온상에)	—	350	120
3	마르고프	25/V	5일 이내	2	500	140
4	스뵤클라	——	,, ——	7	—	140
5	로배	20/VII	5일 이내	2	500	85
6	넓배채	1/VIII	5일 이내	1	—	80
7	일년감	20/IV	5일 이내	—	800	125
8	봄무우	5/V	10일 이내	6	—	80

종자의수량을 구체적으로 정할때에 그 발아의파센트를 명요하게 통계하여야 된다: 발아력이 95%가되는것은 한겍따르에 7길로그람, 75%가 되는것은 한겍따르에 8,850 길로그람을 심우어야된다 (95×7 : 75=8,850길로그람)。곧바로말하면 이미정하여놓은 종자의 싹이나는파센트에 한겍따르에 적단한 파종수량을 승하고 그 적게 싹이나는 파센트로 제하면 곳 파종할 수량을얻게된다。

그리고 파종전에 씨앗을 전부 소독시기며,발아 시험을 지난후에 정한 계획대로 실현하여야된다。한겍따르에 요구되는 종자와 평균 수확고에대한 비교표를 담에 기록한다。

각 채소꼴호즈에서는 이상작업률을 기초로하고 지방의 특수한 사정에 의하여 적당하게 정하는것이 필요하며, 특별히 기음과 후치질에는 약한 녀자와 기타 보조 로력자들을 원만히 리용하고 장건 로력자들은 모든 밭가리와 기타 힘드는일에 리용하므로써 꼴호즈의 모든 계획을 넘치어 실행할것이다。

채소를 제시기에 추수하는일과 겨울동안에 보관하여둘만한 저장실을 제때에 준비하며, 채소들의 종자받을 종묘들을 옳게 저장하는 일등에 주력하여야 될것이다。

그리고 꼴호즈를 조직—경제적으로 든든히하는 계단에서 로력에 능률과 새 기술을 소유하며, 더욱히 중대한 과업은 토호의 잔재들을 박멸하므로써 원쑤의 악영향이 무자각 군중에게 및지않게 하며, 토호의 놀애에 합창하는 우경기변주의자와 또는 토호를 꼴호즈, 쏩호즈나 기타 생산기관 밖에서 얻어 보려는 편견자들과 무자비하게 투쟁하여야 된다。

— 끝 —

중요 내용 목차.

서 언 ········· 3
채소작물의특 수성 ········· 6
다두배채의 파종과 이앙의 실험표 ········· 7
모판설치와 준비를 어떻게할가 ········· 8
실험적으로 온상준비를 어떻게 할가 ········· 10
온상의 파종법 ········· 15
파종후에 주의할 조건 ········· 19
랭상을 만드는법은 어떠한가 ········· 21
모를 어떻게 심을가 ········· 23
모종에대한 특별 주의 ········· 27
채소가 잘 되지않는 몇가지토양 ········· 34
추경에서 얻은 여러가지 경험과 효과 ········· 38
밭가리의 몇가지 방식과 그의리해 ········· 41
채포원과 비료 ········· 44
제초와 작물의 관계 ········· 57
채소의 병해에 대하여 ········· 65
예방과 구제책에대한 경험 ········· 79
채소의 해충을 구제하라 ········· 82
채소의 저장에 대하여 ········· 90
모종을 심우는데 대하여 ········· 99
채소를 심우는 시긔와 그에적당한 온도 ········· 106
채소콜호즈의 로력조직 ········· 109

Редактор Ли Гван Тех. редактор Пак Чан-ок.

Книга сдана в набор 12/II—1934 г. Подписана к печати 15/II—25/II—1934 г. Крайлит № 235-А. ОГИЗ Хаб. № 1165. Формат бум. 72 x 105/32. Об'ем 3½ п. л. Колич. знаков в 1 п. л. 17600. Зак. тип. № 40 Тираж 3000 экз.

Тип. № 17. Гор. Владивосток.